华章经管

HZBOOKS | Economics Finance Business & Management

U0213877

麦肯锡_的
数字业务安全策略

詹姆斯 M.卡普兰（James M.Kaplan）
图克·拜莱（Tucker Bailey）
[美] 德里克·奥哈洛伦（Derek O'Halloran）　著　　班晓芳 佟鑫 译
阿兰·马库斯（Alan Marcus）
克里斯·雷策克（Chris Rezek）

BEYOND
CYBERSECURITY
PROTECTING YOUR DIGITAL BUSINESS

机械工业出版社
China Machine Press

图书在版编目（CIP）数据

麦肯锡的数字业务安全策略 /（美）詹姆斯 M. 卡普兰（James M. Kaplan）等著；
班晓芳，佟鑫译 . —北京：机械工业出版社，2016.10
（麦肯锡学院）
书名原文：Beyond Cybersecurity：Protecting Your Digital Business

ISBN 978-7-111-54921-5

I. 麦… II. ① 詹… ② 班… ③ 佟… III. 互联网络－网络安全－安全技术
IV. TP393.408

中国版本图书馆 CIP 数据核字（2016）第 229620 号

目

录

Beyond
Cybersecurity

我们正处于一个科技创新涌现的时代，沟通、协作以及企业和机构的变革速度十分惊人。然而，在我们的生活、工作日益依赖于科技进步时，也出现了同样惊人的安全风险。如果你经常关注每日的安全漏洞新闻，就会了解科技带来的经济风险、经营风险以及信誉风险。

作者将自己多年的研究成果全部写入本书，详尽解释了当今社会造成很多网络不安全的原因，网络安全为何成为一个极为棘手的问题，问题为什么变得越来越糟糕，以及企业、行业管理部门、政府部门应该采取哪些措施。重要的是，五位作者詹姆斯 M. 卡普兰（James M. Kaplan）、图克·拜莱（Tucker Bailey）、克里斯·雷策克（Chris Rezek）、德里克·奥哈洛伦（Derek O'Halloran）和阿兰·马库斯（Alan Marcus）不仅仅介绍了现今面临的网络安全风险，还详尽描述了如何缓解风险，并评估了如果不采取缓解措施可能导致的危害。

在调研过程中，我有机会了解他们的研究方法及初步结果。他们在全球诸多企业机构看到的事实，与我看到的或者我从 RSA 客户处听到的事情基本一致。在 2014 年 RSA 大会上，作者们将初步研究成果展示给来自欧洲、亚洲、美洲的各国代表，引起了大家的共鸣，一致同意本书所呈现的事实。让我感到振奋的是，会议中所有国家都认为当前大家共同合作解决网络安全问题非常必要。

从研究成果中可以看出，融合了云计算、移动互联网、社交媒体技术的当代数字化商业发展迅速，大幅增加了组织机构的受攻击面，传统的安全边界

推荐序

Beyond
Cybersecurity

（perimeter）不再是有效的防护。过去各机构与外部世界的屏障已被打破，网络边界呈现新的特点，即碎片化、飘忽不定且与内网关联紧密，致使我们原来依赖的安全控制效果大大降低。这就需要新的安全模型。本书作者推荐了一种基于数字化适应力（digital resilience）概念的多层次方法，目前一些世界领先公司已经开始使用，并很快接受了这个方法。

数字化适应力不仅是一种理论，也是一种策略，是在日益不安全的世界里带来真正安全的策略、过程以及控制的框架。首先，需要透过企业的业务目标、发展重点及关键资产，全面理解风险种类以及处理风险的必要性。其次，要在商界领袖群体中创建一种安全文化，使高级管理人员在商业决策时时刻想到安全，而非事后才想起安全的重要性。再次，要时刻做好应对任何来源的攻击，包括来自内部的威胁。为了及时应对不可避免的入侵，要采取必要的可视化手段、分析工具及动态控制措施。最后，要将所有这些因素有机地结合起来，创建起真正的深度防御体系。

但是，每个组织机构都不是孤立的岛屿，仅靠自己的努力很难成功抵御风险。作者认识到，这需要政府、监管者、供应商、行业共同组成生态系统，通力合作，形成一个保护生态系统的良好对策。

对于很多组织机构来说，网络安全这一话题仍旧是讳莫如深的，恐惧及绝望感弥漫在很多组织机构。如本书作者在阐述持续的网络安全带来的经济影响时说道，因为恐惧及网络风险的不确定性，阻碍了企业采用创新性、有潜在变革性的技术，因此，由于对网络安全缺乏清晰认识所造成的影响要远超过目前我们面临的挑战。正如两次荣获诺贝尔奖的居里夫人所说："生命中没有可畏惧的东西，它只是尚待理解。我们要更多、更充分地去了解，这样我们就少了畏惧。"

本书作者潜心研究，帮助人们加深这份理解，为读者提供必要的分析，指出了一条非常清晰、有说服力的路径，这条路通往安全的未来。

我相信，本书可以极大地帮助安全从业人员、技术部门主管，不仅让他们用现实世界的安全防御成果来作为衡量标准，而且，本书作为一种工具，向高层管理人员阐述了网络安全对其所在组织机构的未来以及企业的生存能力都是非常重要的。

政府公务员及行业监管者应将此书视为指南，制定周到、行之有效的政策及切合实际的管理规章，为企业提供更多的安全支持。

最后，本书对于高管及董事会成员来说也颇具价值，可帮助他们很好地理解所有组织机构面临的问题。我经常受邀在组织机构的董事会发言，讲述他们的网络安全现状与前景，在这些对话中，我时常总结自己的经验和世界各地客户的体验，现在，很感谢让我也能在这里与读者分享本书。

亚瑟 W. 科维洛（Arthur W. Coviello, Jr.）
EMC 公司信息安全事业部 RSA 执行总裁

未来 10 年，世界经济的发展进步依赖于数字化创造的数十万亿美元的价值。组织机构已经从拥有小规模自动化的系统，发展成为充分利用无处不在的网络连接、海量分析、低成本、高扩展性的技术平台。技术进步显著增加了不同级别客户的亲密度、业务操作的灵活度及决策者的洞察力。在银行业，这意味着几分钟内即可成功开户、批准按揭，而非几天甚至数周。在保险业，这意味着在大量分析数据的支持下，有更好的保险核保及更公平的价格。在航空及酒店领域，这意味着更高的透明度，为旅客减少一些麻烦。

当"一切都是数字化"时，私营、公共及民间机构就越来越依赖信息系统。当今世界是一个超级关联的世界，在线和移动业务增加了企业的安全脆弱性，企业更容易受到富有经验的网络罪犯、政治激进黑客甚至内部员工的攻击。只有当客户及企业在面临越来越强大的网络攻击时，仍对财务记录、患者数据及知识产权的机密性和可用性的安全保持信心，数字化进程才能成功。

要保持经济的持续发展，必须保护组织结构免受网络攻击的影响。在 2014 年达沃斯世界经济论坛年会上，论坛组织者与麦肯锡机构联合提出，要提升网络安全在高管中的关注度。我们一致认为，有两方面的关注度至关重要：一是要充分认识到企业遭受网络攻击后的战略影响和经济影响，另一种是要制定企业获得数字化适应力的规划，即规划整个网络安全生态系统中所有参与者应该怎么做，特别注重如何将网络安全作为一个商业问题而非技术问题来解决。

经过采访、调查以及参加由数百个组织机构高管参加的工作会议，我们发现了以下几个问题：

第一，如果组织机构在保护自己的方式以及外部支持方面没有巨大变化，网络攻击风险将降低人们对数字经济的信任和信心，到2020年，数字经济所能创造的价值将降低3万亿美元。为应对此问题，全球的组织机构需要提升数字化适应力，只有这样，才能从超级关联的世界中获取价值，即使是冒着业务中断、知识产权（IP）流失、声誉损失、网络欺诈等风险。

第二，虽然各公司都一致认识到提升数字化适应力要采取的措施，但并没有尽快落实到位。要提升数字化适应力，公司应将网络安全深度整合到现有业务流程及信息技术（IT）环境中。然而目前大多数公司仍将网络安全视为一种控制功能（control function），这不仅导致保护信息资产的安全需求与数字化进程之间产生冲突，而且还与从技术投资中获取价值的需求发生冲突。即使是最大型、资金最充裕的机构，其网络安全项目也设计得相对落后，它们仅从技术控制入手，而不是控制商业风险，因而没能推动更广泛的组织机构层面和业务流程产生必要的变化。

第三，公司若要提升数字化适应力，需要增强网络安全团队与业务团队之间的协作，让企业IT部门更加注重适应性，大幅提升网络安全功能的技能与水平，唯有首席执行官及高级管理层才能推动如此大规模的变革。

除了公司自身，其他组织结构都不可能解救公司于网络攻击，但是监管者、执法机关、国防及安全部门、技术供应商及行业协会等机构能够在一个数字生态系统中起到重要作用，可显著提升公司的数字化适应力。目前人们对公司如何保护自身安全有很多一致性看法和对策，但对于如何建设更广泛的数字生态系统，一致性意见较少。此时公共、私营、非营利机构等之间的相互协作将变得至关重要。

建立数字化适应力的前提

在考虑数字化适应力之前，首先要理解网络攻击与网络安全，以及它们与数字生态系统的关系。

网络攻击：面临的多种业务风险

在数字化特征越来越明显的经济社会中，世界上大部分组织机构都依赖着"信息资产"，这些信息资产，有些是结构化数据，有些是非结构化数据，例如客户数据、知识产权、商业计划，以及从客户服务到供应商付款的在线流程。针对这些信息资产的网络攻击，有些是出于攻击者个人炫耀的目的，有些是为了经济利益，而有些则是出于国家政治利益。一般普通老百姓主要关注知识产权侵犯、信用卡数据窃取等信息，但对企业来说，需要考虑更多的潜在风险（见表 0-1）。

表 0-1 企业面临的网络安全风险

风 险 类 型	攻击发起者	攻 击 目 的
竞争力下降	外国竞争对手	为获得经济利益而窃取机密的商业计划
	外国情报机构	出于国家竞争优势考虑，窃取别国知识产权
	跳槽到新公司的员工	带走客户信息去为竞争对手工作
违反监管与法律	网络犯罪组织	窃取客户数据，供日后进行身份盗用或医疗欺诈
企业名誉损失	员工	对公司政策不满而公开敏感文件
	黑客活动分子	对公司政策不满而泄露和公开管理层讨论的机密政策
诈骗与盗窃	网络犯罪组织	破坏在线金融交易以进行欺诈
	网络犯罪组织	损坏重要信息资产，除非收到赎金
业务中断	恐怖组织	改变重要业务流程数据，伤害自己不满意的国家或组织
	内部人士	因为怀疑自己会被炒鱿鱼而破坏企业数据
	黑客活动分子	为引起注意而扰乱业务流程（如在线客户服务）

网络安全：公司如何保护自己

虽然企业面临着经营目标、资源限制、合规性要求等压力，但网络安全[1]仍然是组织机构避免受到网络攻击而应采取的一项业务功能。

它包含三个方面：风险管理功能、影响功能及交付（delivery）功能。

首先，网络安全本质上是风险管理，因为没有办法阻止所有网络攻击的发生。正如一位首席信息安全官（CISO）所说："我的工作不是降低风险，而是让企业能够明智地接受一些风险。"

如果公司打算采用新的客户移动服务平台，就要承担相应的风险。因为新型移动平台给攻击者获取公司数据提供了新途径。但如果公司希望这个平台能提高每个客户的平均收入，那么作为风险管理者，就需要帮助企业领导权衡网络安全风险。CISO 应回答以下问题：

- 采用新型移动平台将带来哪些安全风险，业务经营收益是否能说明安全风险是可接受的。
- 在设计平台时，如何既保证平台业务数据丢失风险降到最低，又保证良好的客户体验（进而产生好的业务影响）。

其次，网络安全工作具有影响作用。CISO 和企业领导共同商讨企业安全风险与投资回报之间的关系后，企业各个部门再采取相应的执行措施：采购团队就安全需求进行谈判并写入合同；管理者必须限制机密文件的分发范围；开发人员要设计安全的应用软件，编写安全的代码。网络安全工作必然涉及大量的利益相关者，其中有些工作需要按照法律法规开展，有些工作则需要采取更为贴合的、更有效果的措施。

最后，网络安全具有交付作用，包括管理防火墙、入侵检测、恶意软件检测、身份管理和准入管理等技术，也要管理一些保护信息资产和在线流程安全的行为，如采集和分析威胁情报、取证分析。

业务功能的网络安全不同于组织机构功能的网络安全。一家公司可能将所有或大部分风险管理、影响及交付活动整合到单一的网络安全团队或分布到几个组织机构里。

数字生态系统：公司不能仅靠一己之力保护自己

组织机构首先要保证自己安全，才能为庞大的数字生态系统提供安全保护（见图 0-1）。数字生态系统包括：

- 企业客户：企业客户连接到企业网络中处理业务增加了便利性，但也增加了企业的安全风险。攻击者可能会利用客户的 IT 环境作为入侵企业网络的途径。同时，企业客户也会担心企业是如何保护自己的数据的。这两种情况对企业安全保护能力提出了更高的要求。
- 零售客户：相对于企业客户，普通消费者对网络风险没有那么敏感，不过，企业保护数据的方式可能已经影响他们的购买决定了。
- 企业供应商：某种情况下，律师事务所、会计师事务所、银行、业务流程外包服务商等供应商将会掌握公司最敏感的数据。考虑到公司网络的互联性，供应商网络也可能成为攻击入口点。

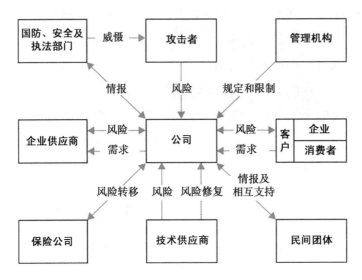

图 0-1　公司面临广泛的网络安全风险

- 技术供应商：供应商既能提供风险控制，但同时也是风险引入源。我们购买的任何技术都可能有安全缺陷，出现让攻击者有机可乘的弱点。技术供应商可提供能让公司降低风险的商品和服务，通过消除漏洞、分析网络攻击等方式降低风险，保护企业的技术环境。

- 政府部门：公共部门在影响网络安全环境中扮演着多重角色，包括调查攻击、起诉攻击者、规范私营公司，有时要求企业采取特别保护措施，批准企业网络安全策略。它们也调整法律、开展安全研究、分享情报或传播安全技术。
- 民间团体：从行业协会到标准制定机构和倡议组织，有大量民间团体参与到数字生态系统中。
- 保险公司：网络保险尚处于早期阶段，但即使在今天，有些保险公司为了换取保险费，愿意承接企业的网络攻击风险。

什么是数字化适应力

高管们有时会问首席信息官（CIO）和首席信息安全官（CISO），网络安全何时会得到解决、网络攻击的风险何时能远去、何时能不再为此担心。有时，他们会将这些与民航业务类比。在喷气机时代，会发生一些可怕的事故，现在，航空公司非常注重安全，搭乘出租车前往机场却成为飞机旅行最危险的一个环节。

或许拿开车来比喻网络安全更合适。比起民航出行风险，开车是更多人利用更多车辆从事更为广泛的活动，风险更大。我们可以通过提高最低驾车年龄至 30 岁、限制最高时速 25 英里[⊖]，把机动车事故降至几乎为零，然而如果这样做，这种个人出行交通方式就遭到毁灭性打击。

如果一位银行业 CEO 不用担心市场风险和信用风险，他就绝不会询问有关事情。但他明白他所在的机构是通过接受这些风险来换取有经济收益的业务的，因此，他的业务需要了解市场风险、信用风险以及其他风险，并在有潜在收益的情况下，适当地管理这些风险。

考虑到当前社会数字化程度越来越高，科技创新速度加快，攻击者可能超出执法机关的控制等情况，我们不能期望很快消除网络攻击

⊖　1 英里 = 1 609.344 米。

对世界经济的影响。不过，企业和全球经济体可寄希望于达到数字化适应力的状态，包括：

- 应了解网络攻击的风险，并且能做出恰当的商业决策。通过经济收益证明，不断递增的风险是可以接受的。
- 应坚信网络攻击风险是可以控制的，网络攻击风险不会将公司置于风险高位。
- 消费者与企业应对在线业务有信心——信息资产面临的风险及在线欺诈风险并不会阻碍电子商务的发展。
- 网络攻击风险不会阻碍公司的技术创新步伐。

在这样的背景下，世界经济论坛和麦肯锡咨询公司已经开展合作，了解如何帮助企业与国家都达到自己的安全期望。

背景与方法

自 2011 年以来，"超级互联世界中的风险与责任"成为世界经济论坛的一个议题。2012 年年中，该论坛又与近百家公司合作签署了《网络适应力标准》。标准中要求各参与公司承担起义务，要认识到自己在促进弹性数字经济中能够发挥的作用，并制订实用、有效的实施计划。该标准也鼓励高级管理层增强风险意识，提高对网络风险的管理能力，并且在适当的情况下，促使供应商和客户对弹性数字经济具有同样的认识。[2]

2014 年达沃斯世界经济论坛中，麦肯锡受邀对论坛高层管理人员进行辅导，以提升应对网络攻击、网络安全及行业数字化适应力的管理水平，行业不仅局限于技术与通信，还包括金融服务、制造业、生活消费品、交通运输、能源及公营部门。

麦肯锡与该论坛共同认为，该项目的最佳成果是形成了一套网络攻击战略定位和经济定位的真实观点，以及一份计划——网络安全生态系统中的所有参与者都应制订如何实现数字化适应力的计划，更重要的是，让高层管理者将网络安全看作一个业务问题，而非技术问题。

我们从 2013 年晚春开始收集数据，在夏、秋季节构思并验证我们的假设，2014 年达沃斯世界经济论坛年会上我们分享了成果。

事实基础

通过采访 180 多位 CIO、CISO、首席技术官（CTO）、首席风险官 (CRO)、业务部门主管、监管者、政策制定者、技术供应商，我们获得了生态系统中所有参与者对网络安全整体环境理解的信息。此外，通过对近百个企业技术用户的调查，我们清晰地了解到业务风险、环境威胁及一系列措施的潜在影响。最后，有超过 60 家世界 500 强企业参与了针对网络安全风险管理实践的详细调查（见表 0-2）。

表 0-2 我们的研究基于大量调查与研究

信 息 来 源	
采访 180 多位行业领袖	CIO、CISO、CTO、CRO 及金融服务、保险、医疗保健、高科技及通信、媒体、工业、公共部门等的企业部门主管 决策者、监管者、国防及情报界人士 地域包含美洲、欧洲、中东及非洲、亚洲
调查近 100 个技术管理者	内容涵盖： • 最重要的经营风险 • 网络攻击风险对业务的影响 • 对外部环境的观点 • 增强适应力的措施
针对 60 多家公司进行网络安全成熟度调查	基于 180 个最佳实践对网络安全风险管理能力进行评估 包括金融服务、医疗保健、保险及其他来自美洲、欧洲、中东及非洲和亚洲的参与者
一系列论坛的验证	在有超过 500 名高管、决策者、学者及意见领袖参加的多个活动中检验： • 在日内瓦、华盛顿、纽约、达沃斯、巴库、布鲁塞尔、大连等地举行的世界经济论坛活动 • 麦肯锡召开了由银行业及医疗保健行业 CISO 参与的论坛

不同场景与经济影响

我们从被采访人的观点中发现，在未来 5～7 年网络安全环境如何变化由 20 多种因素决定，可以概括为威胁的强度及应急响应的质量这两个宏观类别，未来可能出现三种网络安全场景：对网络安全环境不了解、网络安全环境受到强烈攻击、网络安全环境具有数字适应性。

基于来自采访及调查研究中的信息，我们估计了每个场景将如何影响云计算、移动互联网、物联网等一系列重要科技创新的应用，以及对价值创造的影响程度。

实现数字化适应力的关键措施

在采访及调查研究中，网络安全生态系统中每个参与者已经采取哪些最重要措施，是我们特别关注的，尤为注重公司在自我保护时，在所有业务功能中会采取什么措施。

在定义安全场景、评估经济影响和识别关键措施的时候，我们都会将偶然发现与几十位 CIO、CISO、决策者及其他相关高管一起评审。我们会在硅谷、日内瓦及华盛顿等地的工作会上，麦肯锡组织召开的执行官圆桌会议，大连举行的世界经济论坛新领军者年会上进行这些评审工作。

2014 年 1 月 26 日，我们将自己的研究成果总结发表在一份报告中[3]，并且，在达沃斯世界经济论坛的召开过程中，我们与 80 多位高管及决策者在非公开会议中讨论了我们的研究成果。目前，已有证据表明研究成果逐渐达到了预期目标。《CSO 杂志》解释，我们估计的3 万亿美元经济影响"吸引了每个人的注意，原因在于，这看上去不仅仅是直接损失，还有因企业和个人回避'数字化'而未能实现的价值创造值"。[4]

我们展示了研究成果后，麦肯锡及世界经济论坛就开始着手研究要实现数字化适应力需要开展哪些工作。在支持重要机构制定网络安全策略、实施网络安全项目的基础上，麦肯锡进一步帮助企业机构明确应采取的自我保护措施。同时，世界经济论坛举行了数十次有几百家公司参与的工作会议，目的是在网络安全生态系统所有参与者中构建起相互协作支持的关系，达成数字化适应力。

注释

[1] 不同的组织机构可能使用网络安全、信息安全、IT 安全等词来表达同样的活动，在本书中，我们认为这些说法是可互换的。

[2] World Economic Forum, "Partnering for Cyber Resilience," March 2012.

[3] World Economic Forum, in collaboration with McKinsey & Company, "Risk and Responsibility in a Hyperconnected World," January 2014.

[4] Bragdon, Bob, "When Leadership Gets on Board," *CSO*, June 19th, 2014. www.csoonline.com/article/2365152/security-leadership/when-leadership-gets-on-board.html.

大部分组织机构面临信息资产被盗窃、在线业务流程遭故意破坏等严重的商业风险。如果公司、政府及其他组织机构继续以原有的方式应对这些问题，那么网络攻击的风险会让技术进步的脚步放缓，并在2020年导致高达3万亿美元的经济价值损失。

在更广泛的网络安全生态系统的支持下，为了实现数字化适应力，公司必须让网络安全成为业务及信息技术流程的一部分。

本书主要针对以下三大问题：

（1）网络攻击风险有哪些，在未来几年，其影响将如何演变。

（2）在技术投资和技术创新中，公司如何实现数字化适应力，如何保护自己不受攻击。

（3）企业和公共部门领导该采取怎样的实施步骤来实现数字化适应力目标。

3万亿美元处于危险中

公司正面临着网络攻击。有近八成的技术执行官称，与攻击者日益成熟先进的攻击手段相比，他们的防护相对落后。而攻击者的战略战术正在从国家级扩展到不法分子和黑客组织，他们更具破坏性野心。

公司在开展网络安全防护方面可能花费几千万甚至几亿美元的资金，但制定有效的网络安全决策时仍缺少事实根据和有效的流程。在我们详细调查的60多家组织机构中，有1/3的机构网络安全成熟度仅为"初期"，六成仍处于"发展中"，很少达到"成熟"，没有一家是"稳健"的。很多机构只是看上去在这个问题上投了很多钱，但更多的支出并没有转化为更高的安全成熟性。

为了免受网络攻击，企业公司采取了部分安全控制措施，但已经对商业发展产生了负面影响。例如，由于安全考虑，造成公司的移动功能软件上线时间平均拖延了 6 个月，进一步延缓了企业使用公共云服务的时间。在将近 3/4 的企业中，安全控制措施降低了员工分享信息的能力，从而降低了前线生产效率。此外，网络安全直接花费即使较少，间接消耗也很大。一些 CIO 介绍，他们整体经费支出中安全需求经费占比为 20% ～ 30%。

在未来 5 ～ 7 年，网络安全环境会发生很大的变化。然而，相对于防御者，如果攻击者的优势地位持续提升，那么可能会导致网络环境受到攻击，降低数字化发展步伐。在这种情况下，一些相对小型的攻击就会降低公众对经济的信任，导致政府出台新规定、企业机构放慢科技创新的步伐。我们预计到 2020 年，大数据、移动互联网等科技创新将给世界带来 8 万亿～ 18 万亿美元的价值，然而，在网络受到攻击的情况下，这个数字将变小。

企业机构、政府及广大社会团体必须争取具有数字化适应力，以实现技术创新的完整价值。这意味着，网络安全必须提上企业议程和政治性议程。

本书第一部分讲述的便是此问题。第 1 章论证对网络攻击的担忧已然影响企业公司从科技投资中创造价值的能力。第 2 章展示几种潜在场景，这些场景描述了网络安全环境在未来 5 ～ 7 年将如何演变，更具体地解释我们之所以认为 3 万亿美元处于危险中的理由。

数字化适应力保护商业、促进创新

对很多企业来说，七八年前网络安全还不是优先考虑的事。即便是大型高端的 IT 机构，在网络安全防护上投入都相对较少，对技术漏洞可能造成的商业风险缺乏洞察力。以前企业安全防护注重维护网络边界，而 IT 安全公司主要是负责远程安全维护、部署杀毒软件等工作，违背企业安全策略的管理人员及一线员工很少需要承担后果，不安全的应用代码、不安全的基础设施配置也很普遍。

自那时起，企业开始建设网络安全控制功能。到目前成立了正式的网络安全机构，设置了首席信息安全官（CISO），并给予大量资金投入，开展了多项安全措施，例如锁定台式机和笔记本电脑，以防终端用户不经意间给公司带来漏洞。还引入了体系结构标准，审核软件开发流程以识别和修复新应用程序中的安全漏洞。

将网络安全看作一种安全功能，这非常重要，能大幅降低企业的安全风险。但是，随着网络攻击的持续上升，网络防御变得越来越难（见图 0-2）。安全工作一般主要由企业网络安全团队承担，但它们也只能努力阻止过去的攻击。在维护网络安全控制功能时，依赖于人工干预、反复检查，这不利于网络安全工作的大规模开展。在开展安全检查时，企业依赖人工干预就像使用一套落伍的检查程序茫然地检查对象质量一样。但重要的是，这增加了网络安全与企业创新和灵活性之间的冲突。

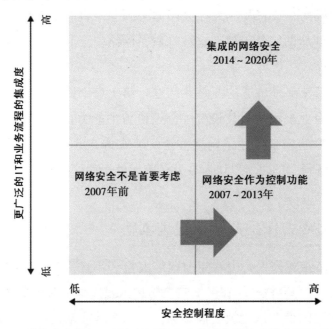

图 0-2　随着威胁增加，现有的网络安全模型变得越来越难以站得住脚

为了实现数字化适应力，企业需要从根本上改变组织结构，将网络安全与业务流程结合，改变 IT 管理方式。具体来说，数字化适应力有以下 7 个特点：

（1）基于业务风险，定义信息资产的优先级。大多数组织机构不清楚需要保护哪些信息资产，哪些信息资产的保护优先级最高。网络安全团队必须与业务负责人紧密合作，理解整个价值链中的业务风险，从而给信息资产划分优先级。

（2）给最重要的资产提供特别保护。很少有公司能够采用系统化方法，将信息资产的保护级别与信息资产对公司的重要程度相匹配。通过采取恰当的控制，可确保企业把最适合的资源配置到保护最重要的信息资产上。

（3）将网络安全融入企业全面风险管理及治理过程。网络安全几乎与企业所有重要业务流程交织在一起。公司必须让网络安全团队与公司每个重要职能部门保持紧密沟通，如产品开发、市场营销、采购、公司行政、人力资源、风险管理，只有这样，才能使公司领导层在保护信息资产和业务的高效运作间做出合适的权衡取舍。

（4）让员工主动保护个人信息资产。员工往往是企业网络安全最大的弱点——员工点击不安全的链接，使用不安全的密码，将敏感文件用电子邮件广泛传播。应根据员工所需要访问的资产，对员工分类管理，帮助每组人员理解日常工作活动可能带来的安全风险。

（5）让网络安全与 IT 环境紧密结合。几乎 IT 环境的每个组成部分都会影响到企业安全保护能力——从应用程序开发到老旧硬件设备的更换策略。企业必须改变过去粗放的"追加式安全"（bolt-on security）心态，从员工入职第一天起便对每个员工进行培训，让他们融入技术项目中。

（6）部署主动防御措施应对攻击者。大量有价值的信息可能遭受攻击，既可能来自外部，也可能来自企业内部技术环境。企业应综合分析与攻击相关的信息，主动应对攻击者，从而及时调整防御措施。

（7）提高跨部门的应急响应能力。不管是技术团队，还是市场营销、行政或是客户服务部门，如果不能及时响应入侵攻击，将对业务造成破坏。企业应开启跨部门的"网络战争游戏"，以提升实时响应能力。

此中有以下三个关键点：

（1）技术负责人认为，就数字化适应力来讲，完整采取上述措施可能会带来颠覆性改变。

（2）其中只有两个是主要的网络安全手段，其余则需要IT技术或业务流程的改变。

（3）公司采取上述措施的速度还不够快。目前，技术执行官给所在公司的努力程度打分普遍为C、C-。

本书第3～7章重点讨论了这7种手段。第3章主要讲述如何划分业务风险优先级、如何设置对重要信息资产的不同级别保护。第4章的视角为如何将网络安全融入企业业务决策、如何帮助最终用户保护信息资产。第5章介绍网络安全如何成为IT环境的一部分。第6章描述将情报、分析、操作与主动防御结合，以更快响应即将出现的威胁。第7章通过模拟作战过程来讲述如何构建跨企业的应急响应能力。

业务负责人必须推动改变

网络安全有多种特性，大型复杂的组织机构很难用一种整体方式来解决网络安全问题。网络安全具有普遍性，每个业务流程都会触及网络安全，这就意味着，很多与网络安全相关的决策都会产生深远的市场影响、战略影响，这就要求有高级管理者的参与。但是，想让合适的高级管理者参与进来也是很难的，因为网络安全的语言有些晦涩，网络安全团队往往与高级管理者缺乏沟通，并且少有工具可对网络安全威胁或减缓措施进行量化。

很多企业开展的网络安全工作都是为了避免出现上述这些问题，

而非解决问题。它们开始机械化地评估风险，但却无法发现真正的安全问题；也没有考虑全面的降低风险机制；它们将实现数字化适应力看作安全控制的技术项目，而不是作为有重大技术影响的商业策略及作战计划；或许最糟糕的是，它们忽略了让高级管理人员参与这一点。

要设计出一个能快速、持续发展进而达成数字化适应力的有效网络安全项目，要围绕以下三个原则：

（1）网络安全团队及其业务合作伙伴要协作参与，优先考虑风险，恰当权衡，在适当的时候改变业务流程及行为，而不是仅依靠技术解决方案来管理风险。

（2）在IT组织机构里，注重适应力，促进安全、效率及敏捷度的结合，确保IT管理者从一开始就为了适应力和安全而设计技术平台。

（3）大幅提升网络安全团队的技术和能力，管理者能理解业务风险，与业务合作伙伴有效协作，能驾驭快速变化的技术环境，对应用程序和基础设施环境有所影响，实施主动的防御战术。

这意味着，企业应制订一个精心策划、有长远目标的工作计划，而企业也倾向于在跑之前先学会走路。但不幸的是，攻击者不会耐心地等待企业渐进地提升自己的网络安全能力。现在，企业必须以积极主动且坚定的方式开展网络安全工作。

只有建立广泛的生态系统才能实现数字化适应力

虽然企业必须提升自己的能力，但是机构个体不能仅仅保护自己，政府、私营机构、社会组织应通力合作，创建适应性强的数字生态系统。

对于政府采取的某些行动是否有用、是否可行，有各种各样的观点。国家应创建国家网络安全战略，在政府公共部门间明确责任，并给公共机构和民间机构提供支持和帮助。执法部门、检察和司法部门应提高对网络安全问题的熟悉程度及专业知识，以更好地应对网络犯罪。国家之间交流，应优先考虑网络安全问题，并不断增加这一领域的透明度，促进积极性、约束及这一领域行动目标的透明度。

同样关键的是，行业协会、志愿组织应促进企业间共享信息、传播最佳实践经验、共同面对并解决挑战性问题，最终建立起共享的实用工具来提供重要的网络安全功能。

同时，金融机构和保险公司应通过建立网络攻击风险价格来支持企业持续的发展与进步。

本书最后两章内容讨论商业领袖如何实现数字化适应力目标。第8章介绍企业如何设计、推出有可持续发展的网络安全项目；第9章讲述了在促进数字化适应力之路上，数字生态系统中更广泛的参与者所扮演的角色，包括监管者、供应商等。

• • •

在当前的网络攻击挑战中，想要实现全球经济的持续创新和增长，需要有力的变革。对于公司来说，应从控制功能的视角管理网络安全，过渡到将保护信息资产的措施融入业务流程及整个IT环境中。此外，监管者、技术供应商及执法部门应与公司企业协作，创建一个数字化适应力的生态系统。如此规模的变革与复杂性，需要资深的商业领袖及决策者的积极参与。

第 1 章

网络攻击危及公司的创新步伐

商务投资时，一般都需要对潜在风险及预期收益作利弊权衡分析。例如，新的债券利率是否足够补偿违约风险？进入新兴市场可能获得的收入，是否会高于投资一旦被新政权没收的风险？海洋深水钻井所获取的石油价值是否会超出一旦发生灾难性事故所造成的损失？要回答这些问题，必先认真评估商业风险度。风险越高，越难促成投资。

技术投资亦是如此。在进行技术投资时，也通常需要权衡风险与收益。然而，对于企业来讲，全球网络连接性的不断提升使得风险和收益都随之提高。虽然，网络连接后会得到更高的商业回报，但是网络连接得越紧密，网络攻击者能利用的安全隐患就越多，攻击者一旦入侵后造成的破坏就越大。因此，制造商投资新产品时，是打赌该产品能防止知识产权窃取行为；零售商投资移动商务时，是打赌网络诈骗不会严重损害盈利能力；银行投资顾客数据分析时，是打赌其所分析的敏感数据不会被网络罪犯窃走。在这些赌博中，占胜算的一方不是制造商、零售商或者银行等公司，而是网络攻击者。大多数公司对网络安全采取较为孤立且被动反应式的方法，在不久的将来，网络攻击者可大显身手。

我们对商业领袖、CIO、CTO 及 CISO 进行采访后发现，对网络安全的担忧已然影响到大型机构对用技术创新来创造价值的兴趣及能力。不论是直接的还是间接的损失，以及防范攻击者所需的高额成本和漫长时间，都降低了技术投资的预期经济效益。简而言之，公司针对网络攻击所采用的防御方式限制了它们利用技术创新获取更多价值的能力。

网络攻击风险降低了信息技术的价值

企业对网络安全的担忧造成三个方面的不利影响：一线生产效率降低、具有高价值的 IT 项目获得的资金支持较少以及新技术应用较慢。

一线生产效率降低

相比几年前，企业设置了更多安全控制来限制员工利用科技。比如，不允许在公司台式电脑上安装应用程序、关闭 USB 端口阻止访问 Dropbox 等云服务、禁止高管们将公司笔记本电脑带到某些国家或一回国就重新格式化计算机，甚至在有的公司，层层安全控制让开机过程变得费时、令人不快。

也许，企业网络安全团队有充分理由推行这些措施。例如，未知程序可能是防毒程序无法检测到的恶意软件，USB 端口可能成为感染病毒的源头，USB 端口及网络服务都可能是非法复制敏感数据的途径。

然而，职员则会认为上述安全控制规定有些苛刻。更糟糕的是，这些会直接影响生产效率及员工士气。譬如，销售人员不能把新产品视频介绍存到 USB 存储器里拿给潜在客户看，将要出国的高管得先把通信录拷贝到一次性手机上，他们在国外的时候还不能用自己的笔记本登录 Skype 与在国内的亲属通话。

安全控制措施还会限制一线员工进行实验研究，而很多从信息技术中获取的价值就来源于实验。在 20 世纪 80 年代，最初开始使用 Lotus

1-2-3 软件构建报表模型的银行家们并没有得到公司 IT 的支持。20 年后，IT 人员也不知道一小群高管开始使用黑莓手机相互联络了。上述创新行为若放在今天显然违反了大多大型公司的信息安全策略。

以上因素导致的结果就是，10 个技术高管中有 9 个都会说网络安全控制措施对终端用户的生产效率产生了影响；在高科技部门，有六成高管表示对生产力的影响是主要让人头痛的问题。一位来自大型银行的高级技术经理称，如果 CEO 知道因员工要应付安全控制而白白浪费了多长时间的话，他"会把我们都吊死的"。一家高科技公司的 CISO 表示，他相信安全控制是一些优秀的工程师离开公司的一个原因。

不幸的是，在很多情况下，严格的安全控制并不能解决最初想要解决的问题，而且还会导致员工完全回避公司 IT 部门的控制，从而大大增加了风险，这颇具讽刺意味。举例来说，在一家证券公司，很多银行家都为单位电脑的开机启动时间长及其他安全控制而感到不快，于是他们不再带着公司笔记本出差，而是买来便宜的不带安全控制的笔记本电脑，使用免费的网页电子邮箱服务来进行相互沟通。

甚至连政府雇员也会寻找变通方法来应对安全控制。2010 年一项针对美国联邦官员的调查显示，有近 2/3 的人表示，安全限制让他们无法从一些网站获取信息或使用与工作相关的应用程序，对此，他们的解决办法是：使用非政府机构的设备来得到他们所需的信息。实际上，有超过一半的人称他们会在家里获取需要的信息，而不是在办公室，以此规避安全控制 [1]。

具有高价值的 IT 项目获得的资金支持较少

相比整体 IT 预算和营业收入，网络安全直接支出虽然较少，但是，由于对如应用程序开发和基础设施等其他 IT 用途的下游效应，网络安全仍在能创造价值的 IT 项目中挤占着资源。

很难获知公司会花费多少资金用来保护自己免受网络攻击。诸如防火墙管理、身份和访问管理（I&AM）等一些安全相关的工作可能列入安全预算内，或者也可能包含在 IT 其他方面的预算内。加之各公司在安全态势上的差异，这就意味着，不同公司在网络安全上花费的值域较大。通常，网络安全方面会占 IT 预算的 2% ～ 6%，不过，我们知道一些公司这个数字会达到 8% ～ 9%，一般，这样的公司会对安全有着严格要求，抑或它们正在开展提高安全能力的大型项目（见图 1-1）。

医疗保健领域网络安全支出占IT整体支出的百分比（选定的部分公司）（%）

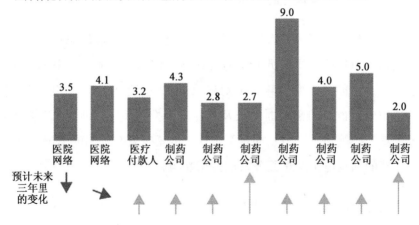

图 1-1　网络安全支出在 IT 整体预算中的比例差异非常大，即使是在同一个领域

相比企业 IT 其他领域，网络安全方面的发展更为快速，但是，在大多数公司里，网络安全直接支出看上去并没有那么多。虽然一些大型银行和通信公司会花费数亿美元用于增强网络安全，但另有很多大型公司的这项花费要少得多。举例来说，一家总收入为 250 亿美元的制造企业的 IT 支出为收入的 2%，这部分支出中有 5% 是用于网络安全的，那么该公司网络安全支出仅为 2 500 万美元，所占甚少。在 2.1 万亿美元的全球企业 IT 预算中，网络安全只有 900 亿美元，这其中有 3/4 用于硬件、软件和服务，1/4 用于内部劳动力（见图 1-2）。

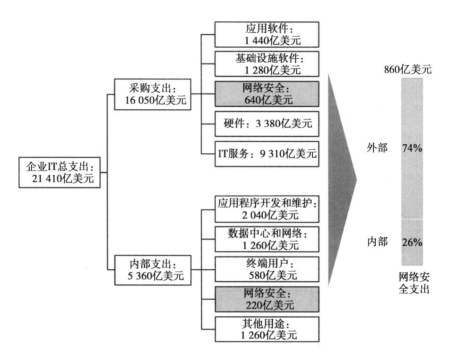

图 1-2　企业 IT 总支出超 2 万亿美元，而网络安全总支出不足 1 000 亿美元

很多技术高管认为，他们为保护公司安全已经花费足够多的资金了。我们采访到的高管中有略超过一半的人表示，公司在网络安全上的花费额是适量的，只有约 1/3 表示这部分开销明显太低了。一些 CISO 告诉我们，他们在预算上有求必应，比起资金来说，让他们更感到受束缚的是缺乏优秀人才。据互联网解决方案供应商思科公司估计，在全球范围内，对安全专业人员的需求与可用人才之间的缺口可高达 100 万人[2]。几乎每位 CISO 都告诉我们，他们可以得到招聘更多员工的批准，但无法足够快地招到能填补空缺职位的人员。

不同行业的 CISO 对他们所需的预算有着截然不同的看法。超过六成的金融服务和高科技公司表示，它们有足够多的网络安全预算，但只有不到四成的保险公司和约 1/4 的医疗保健公司表达了同样的看法。近乎 2/3 的医疗保健公司技术高管称他们公司的网络安全预算太少了（见图 1-3）。

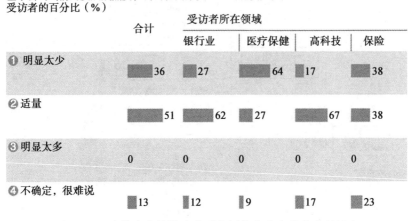

基于公司当前的发展成熟度，公司在网络安全上的花费是多是少？
受访者的百分比（%）

	合计	受访者所在领域			
		银行业	医疗保健	高科技	保险
❶ 明显太少	36	27	64	17	38
❷ 适量	51	62	27	67	38
❸ 明显太多	0	0	0	0	0
❹ 不确定，很难说	13	12	9	17	23

图 1-3　一半技术高管认为公司在网络安全上的花费足够多

　　当包括在安全团队外实施的间接安全活动花费时，在网络安全上的花费数额便大幅增加了。很多组织机构不仅在 IT 安全之外执行一些与安全相关的功能，而且，安全团队采取的很多措施为应用程序开发、基础设施及更广泛的业务团体创建了很多资金没有着落的任务。开发者花费数月或数年时间重构应用程序以达到安全标准；网络团队花费数千万美元重新配置网络以让其更加安全；系统管理员花费无数个时日给数以万计的服务器安装安全补丁；经过多年的基础设施优化，很多 IT 部门能在几个小时或几天准备一台服务器，然后要花三四周的时间来进行安全相关的配置，这都意味着要花费成本。

　　我们请 CIO、CTO、CISO 们来做个估计，有多少非安全性 IT 预算实际用在了安全上。坦白地说，很多人对此不知情，但确定数目一定不小。那些能说出花费金额的人占预算的 25% ～ 30%，这意味着，直接和间接安全活动相结合消耗了 IT 预算的 1/3。

　　当今世界，渴望技术创新的企业遇到有限的 IT 预算的困难，企业领导痛苦地抱怨开发和运行应用程序的花费，每年，针对 IT 部门所有资金能做的项目都有激战，这就意味着安全需求正从能创造价值的 IT 中"夺"走大量资源。

新技术应用较慢

CIO 及 CTO 们的时间表里排满了创新议程。高级管理人员、客户及最终的股东期待他们在诸多领域推出新功能，比如云计算、大数据、电子商务、物联网、移动商务、企业移动化等。

几乎大家都告诉我们，在落实新技术中，安全往往是瓶颈，这需要一些实际工作来评估供应商提供的新产品的漏洞、找到安全地设计解决方案的办法。举例来说，安全团队必须评估新型移动设备来判定设备本地存储什么数据、防止未经授权访问的身份验证机制有多牢靠。他们必须评估新的外部面向网络（web-facing）的功能，来查看它是否创建一个能被攻击者所利用的进入面向客户系统的入口点，还要分析攻击者会如何渗入新的功能，识别潜在漏洞、设计成本和便利性所能接受的控制。

所有这些任务都需要时间去完成，尤其是刚刚出现的技术，还未在现实世界中得到足够的压力测试，这将大幅拖延新功能的引入时间。一家医疗设备公司的 CISO 解释道，他们用了一年时间才找到安全方法将有网络连接的设备置入手术室环境。

对于很多技术来说，滞后时间都相对较短，至少目前是这样的。IT 管理者告诉我们，安全需求让大数据分析、移动服务、在线服务、在线支付的实现延迟了不到三个月时间。不过，很多人解释称，那是由于企业的当务之急，除了推出新技术别无选择，即使安全问题仍不清晰。

其中，受影响最大的莫过于云计算和移动化（见图 1-4）。平均来讲，企业移动功能的实现被推迟了 6 个多月，公共云能力被推迟的更长，出于安全的考虑，很多公司表示，在可预见的未来，它们不会将敏感数据存储在公共云上。

企业移动化方面的推迟的主要原因在于，很多 CISO 所认为的企业移动安全模型不稳固。一位从事金融服务业的 CISO 告诉我们："我们开始用移动设备进行试验了，然而，出现推迟的原因在于移动设备会制造的潜在威胁数量。"从事医院网络的一位 CISO 也面临着类似的挑战。"有几千名医生都想访问、进网，但是他们还想做自己的事情。我们必须确保在他们之间的一切都是安全的，自然而然，一些系统就不得不推迟。"

对你们的企业机构来说，就以下创新，你认为对网络攻击的担忧会产生多少个月的推迟？（受访者被要求至少选择三种创新）
单位：推迟的月数　　　　　　　　　□ 提到频率最多的技术
合计

跨部门技术	公共云计算	17.5
	在低消费国家的企业地点及技术运作	6.9
	企业移动化	6.3
	与外部伙伴协作	4.5
	私有云计算	4.5
	与客户和交易对手更加迅速、紧密的联系	4.2
	在线商务	4.0
	在线客户关怀	3.4
	快速进入新的区域市场	3.3
	移动支付	3.1
	与客户创建更直接的关系	2.8
	移动服务	2.4
	大数据分析	2.0
	在线支付	1.1
	在线服务	0.4

图 1-4　公司最担心的是移动和云计算的安全隐患

结果就是，大多机构都集中在覆盖面相对较窄的移动能力上，比如电子邮件、日历同步工具，这些只能给用户提供一小部分在笔记本电脑上所拥有的功能。

至于推迟使用公共云则由多个因素造成。虽然一些管理人员强调了

- 在出现小事故的时候，客户提出索赔要求，而此时保险公司可能
  已经了解情况，因为车载信息系统不断给制造商发回报告，然后
  报告会共享给保险公司。甚至，保险公司已经自动提醒了其优先
  选择的汽车修理厂，为车辆修理进行了预定。

对于保险公司和客户来说，技术为双方都创造了价值，以降低成本
的形式，提供新客户产品服务、与客户关系更为紧密、更好为客户服务。
汽车保险业的情况也几乎可适应于其他可以想见的行业。

企业公司必须处理好各种各样的威胁和风险

随着数字化进程的推进，公司面临着一系列与网络攻击有关系的
风险。

欺诈

随着在线金融交易越来越普遍，网络欺诈的机会也开始暴增。网络
罪犯会开立虚拟信用账户用欺骗手段购买商品和服务，或者，他们能控
制合法账户并套空其中的资金。任何对网络犯罪的评估都不一定准确，
但取其中一个估计结果为例——最近，计算机安全公司麦咖啡（McAfee）
和美国战略与国际研究联合发布报告，估计网络犯罪将会占全球国内生
产总值（GDP）的 0.8%。[4]

客户信息丢失

黑客能利用客户社会保险号码、财务记录、医疗记录等客户数据来
从事网络欺诈，或者，黑客会将数据拿到黑市上出售给有着同样目的的
人。举例来说，电子健康记录中包含的信息可被用来支付保险公司的相
关服务，而保险公司可能根本没有提供该项服务。处方药品数据可用来
从多家药店完成医药处方，这样剩余药品可转售。事实上，健康记录经
常含有开立信用账户或其他金融账户所需的足够信息，这就可导致更直
接的盗窃。罪犯也会将名人的医疗信息卖给没有道德的媒体，或者他们

可能用令人尴尬的医疗信息来敲诈勒索患者。结果，通过偷盗手段获取的一个人的医疗记录可卖到 500 美元，相比之下，偷来的含有社保号码、出生日期等美国身份的信息可卖 25 美元，而"失效"（可能是过期了）的信用卡号码只卖得一两美元。[5]

客户数据遭到大量损害不仅给客户带来不便，企业公司也会失去客户的信任，同时带来不小的修复成本。在 2014 年 5 月，美国知名购物网站 eBay 透露，攻击者损害了 2.33 亿账户的用户名、密码、手机号码及物理地址等信息，迫使该公司请求所有用户修改密码。[6] 自那时起，在英国的民意调查显示，近半消费者表示，由于此次攻击，他们未来不太可能再使用 eBay。之后，还是 2014 年，在盈利电话会议上，eBay 的 CEO 约翰·多纳霍表示，由于攻击影响到了业务总量，该公司将 2014 年的销售目标降低了两亿美元。[8] 除了对客户的影响，修复攻击漏洞的花费也是昂贵的。研究机构波耐蒙研究所（Ponemon Institute）预计，攻击漏洞造成的平均损失为 350 万美元，[9] 而大型攻击的花费很容易就可达到数亿美元。美国零售商塔吉特百货告诉投资者，与 2013 年遭受的针对 7 000 万客户记录的漏洞相关的花费包括偿付欺诈、卡片补发、民事诉讼、政府调查、律师费及调查费用，此外，还有修复漏洞需要的增量操作和资本支出。[10]

知识产权丢失

现代企业的大多价值在于知识产权（IP），而非机器、建筑等有形资产。产品设计、制造工艺、营销策划乃至电影剧本——IP 是个诱人的目标，如今很多都以电子形式保存，因此发动网络攻击的时机可谓成熟。美国知识产权盗窃研究委员会（The Commission on the Theft of American Intellectual Property）的报告预计，利用网络进行的知识产权盗窃每年让美国经济损失 3 000 亿美元。[11]

处于不利地位的协商

一般来说，管理人员在网上通过电子邮件或即时消息来沟通，甚至在讨论敏感协商的时候也是如此。谈论话题或许包括有可能发生的合并或合资经营、新的采购协议、开采权益（几乎没有什么被认为是不能通过电子邮件讨论的）。然而，举例来说，一家公司如何达成协议、愿意支付的最大数额等，如果落入坏人之手将造成很大损失。一家石油勘探公司估计，针对开采权益该公司愿意支付给某政府的数额这种数据丢失的话，会造成高达数十亿美元的影响，因此这是最重要的企业风险之一。高级管理人员在董事会会议室中谈论"价值数以十亿美元的电子邮件"并非夸张。

敏感的管理层会议内容泄露

每个管理团队都得保持会议讨论内容的保密性。如果竞争对手获知了管理团队对未来产品计划想法的相关信息，自然将是极为有害的。另外，在制定和执行策略的过程中，管理者经常会分享对他们的客户、自己的产品、监管者、员工等的坦率直白的看法，而如果这些看法被公开的话，有可能伤害到与一些方面人士的关系。举例来说，布雷德利（如今名为切尔西）·曼宁下载到U盘并通过维基解密网站泄露的政府文件中包含有美国对一些国外领导人的坦率看法，美国国务院认为这损害了与盟友的关系。[12]

业务遭破坏

2012年年底到2013年年初，"网络战士"（Cyber Fighters）发布了一系列分布式拒绝服务（DDoS）攻击，旨在打击美国银行的网上银行业务，使其无法给客户提供服务。最后，即使破坏相对有限，但在2013年年初，这些攻击成功地让下载网上银行应用程序的时间翻了倍。[13]

DDoS攻击带来了烦恼和不便，但是CISO们更倾向于担心毁灭性攻击，造成的危害不仅局限于延误和中断，而且危害到金融交易、干扰电子医疗设备或关停生产制造业务等。沙特阿拉伯国家石油公司（Saudi Aramco）曾受到攻击，硬盘上的诸多数据被删除，这致使在两周多时间里显著影响了该公司的业务操作。[14]

沙特阿拉伯国家石油公司称："本次攻击的主要目标是阻止本地及国际市场的原油和天然气流动。"[15]

法律和监管风险

在很多领域，丢失敏感客户数据都会带来严重的法律后果。举例来说，在美国医疗行业，《健康保险携带和责任法案》（Health Insurance Portability and Accountability Act，HIPAA）规定每条记录罚款100美元到5万美元，单次事件罚金可高达150万美元。集体诉讼还可产生更为毁灭性的后果。加利福尼亚州首席检察官办公室估计，每条丢失的医疗数据价值2 000美元。加州北部非营利的Sutter Health医疗集团每年营业收入为100亿美元，该集团的一台台式机遭偷盗，而且是通过非技术手段偷的——用石头砸窗户。该集团推出了一个加密程序，但还没用到台式机设备上，结果，100万患者的临床数据、300多万患者的基本数据被偷盗。接踵而至的诉讼费用达42.5亿美元。值得庆幸的是，原告无法证明不法分子利用了这些数据，案子也在3年后被驳回了，尽管如此，该案件仍吸引了管理层的众多关注。[16]

这些风险源于一系列攻击者，过去几年里，攻击者的能力有了显著提升。

- 有组织犯罪集团寻求从网络攻击中获益，它们不仅从事在线欺诈，也盗取消费者的个人信息，它们可将这些信息整合到自己的数据仓库中，进而用于身份盗窃。
- 关于网络战争，人们有很多辩论和讨论，但有国家资助的参与者大多关注的是间谍活动，要么告发国家策略，要么获取有价值的IP，将其传给受到优待的本国企业。
- "匿名者"（Anonymous）和"卢兹安全"（Lulzsec）这样的激进黑客组织致力于破坏和羞辱它们所反对的政府机构和企业，它们可能反对后者的政策和做法。

此外，内部人士也成为日益重要的威胁。技术管理人员强调称，获得敏感数据的最简单方法就是，佩戴标记的雇员上午走进大楼，利用有效的身份证件登录安全系统。由于贪婪或者对被忽略而没有晋升机会的愤恨，承包商或雇员会受到鼓舞去从事这些活动。他们可能受到局外人的损害——一个犯罪组织利用对开发商家庭的威胁，来逼迫开发商插入代码授权向一个应用程序进行非法支付。雇员也可能说服自己没有犯罪，比如，在离职将去给原公司的竞争对手效力前他们下载原公司的客户清单。或许最为重要的是，雇员及承包商知道来龙去脉——他们知道在哪能找到最为敏感的信息，他们通常也有一定的商业洞察力，可以将信息有效地加以利用。

战略风险

面对如此多的潜在毁灭性的后果，各地区各行各业的技术高管高度重视网络攻击带来的风险。约有 2/3 的技术高管称，这些风险在未来几年会产生具有重要战略意义的大问题。通常，他们用此前列出的风险来解释自己的观点：IP 丢失、客户数据被盗及业务遭破坏。较少的受访者（约有一成），表示网络攻击的风险是存在的，并认为"在未来 5 年内的某时会让他们的灯光熄灭"。

灯光熄灭意味着，要么遭遇极具破坏性攻击，要么更有可能的是，客户信任不可挽回地垮台。一家社交媒体公司的 CISO 表示："如果我们得不到客户信任，那么产品本身也就荡然无存。"一家大型金融机构的 CISO 称，他担心网络攻击会彻底破坏交易数据，因此完全不可能对此问题放松。

我们所采访的 1/4 的人认为网络攻击是开展业务的常见风险，这些高管与企业所面临的其他风险的大环境联系在一起，比如银行业面临的流动性危机，或者制造企业面临的自然灾害。

有趣的是，无一受访者同意这个说法："网络攻击的风险被夸大了，它完全处于我们的掌控下。"事实上，比起其他类型的技术风险，网络攻击是更令人担忧的。受访者中有 3/4 的人说，外部网络攻击是两大技术风险之一，近六成受访者认为内部人士威胁亦是如此，不到 1/3 的受访者列出他们认为最为严重的其他技术风险，其中包括灾难、设计拙劣的程序代码（这导致骑士资本集团（Knight Capital）损失 4.4 亿美元 [17]）及技术操作质量低，比如服务器配置错误导致重要程序崩溃（见图 1-6）。

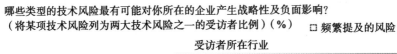

哪些类型的技术风险最有可能对你所在的企业产生战略性及负面影响？
（将某项技术风险列为两大技术风险之一的受访者比例）（%）　□ 频繁提及的风险

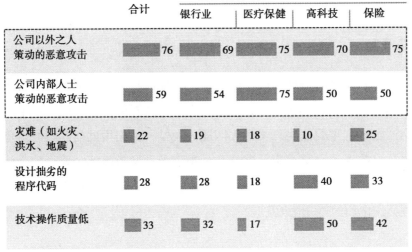

	合计	银行业	医疗保健	高科技	保险
公司以外之人策动的恶意攻击	76	69	75	70	75
公司内部人士策动的恶意攻击	59	54	75	50	50
灾难（如火灾、洪水、地震）	22	19	18	10	25
设计拙劣的程序代码	28	28	18	40	33
技术操作质量低	33	32	17	50	42

图 1-6　比起其他技术风险，网络攻击的风险更大

虽然各行业间对某一风险的担心程度略有差别，但是每个领域所担心的风险类型差距较大（见图 1-7）。概括来说，服务行业优先考虑客户数据被盗及业务操作受干扰的问题，而产品公司优先考虑商业间谍活动。举例来说，几乎任何金融机构都提及商业间谍是它们的主要关注点。投资银行业的 CISO 告诉我们，虽然 IP 对他们的业务来说非常重要，但是其结构和形式限制了特定的破坏的影响：交易算法极富价值，但 IP 分配在很多产品部门的诸多算法上（比如货币、利率互换），这样，任何一种算法的损失只会有一定的财务影响。此外，很多算法会迅速改变，因

此被窃取的 IP 的价值在短短几个月后就会大大缩水。一些零售银行业 CISO 认为公司 IP 价值更低，其中一人说："产品检验不会有太大不同，也不会很快改变。"

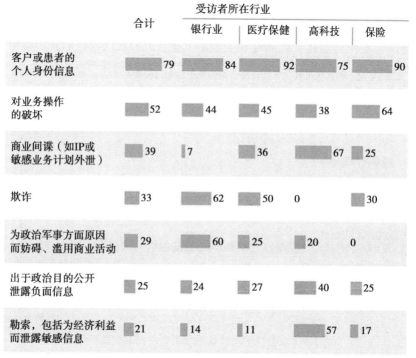

恶意攻击产生的商业影响中你最担心的是什么？
（将某个影响列为首要或次要担忧之事的受访者比例）（%）

	合计	银行业	医疗保健	高科技	保险
		受访者所在行业			
客户或患者的个人身份信息	79	84	92	75	90
对业务操作的破坏	52	44	45	38	64
商业间谍（如IP或敏感业务计划外泄）	39	7	36	67	25
欺诈	33	62	50	0	30
为政治军事方面原因而妨碍、滥用商业活动	29	60	25	20	0
出于政治目的公开泄露负面信息	25	24	27	40	25
勒索，包括为经济利益而泄露敏感信息	21	14	11	57	17

图 1-7　所有公司都担心客户数据被盗，但各行业担忧的次要问题有所差别

而银行担心欺诈及任何会伤及企业或客户数据的破坏——它们认为这是企业机构价值主张的核心。另外，很多受访者也高度担忧政治因素驱动的对金融交易完整性的攻击。

相比之下，高科技公司明确注重的是 IP 丢失问题，尤其是业务流程相关的 IP。这样的 IP 丢失，导致产品投入市场的时候，外界对产品细节就已有了广泛了解，竞争对手会使用分解手段去摸清，不过，在几年时间里，详尽的制造规格（比如，烧制某个组件的时候温度是多少）还是保密的。

防御者落后于攻击者

众多技术高管普遍认为，不论是什么类型的攻击者，他们的攻击手段始终领先于被攻击机构采用的防御手段，并且领先性在未来有扩大趋势（见图 1-8）。超过 3/4 的技术高管表示，攻击者的先进性或进步速度将比企业机构自身的防御能力发展要快，近 1/5 的技术高管认为，攻击者的优势将会提高得更快。受访者之间存在明确的共识：防御者认为他们正节节败退。

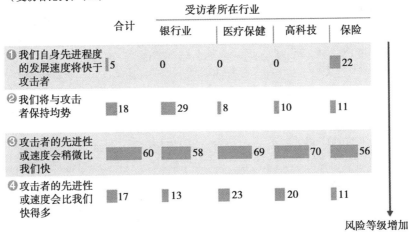

图 1-8　众多技术高管认为攻击者将提高领先地位

保险公司对自己的防御能力最为自信。超过 1/5 的保险业受访者认为他们会比攻击者发展得快（虽说如此，但仍是少数）。除了保险行业，其他行业的受访者都对自己的公司没信心。部分原因可能是网络安全在保险业相对来讲仍是新兴的，因为当一个人远远落后的时候，最初一些进步会被视为显著进展。

就落后于攻击者，受访者给出了诸多解释。

技术的发展变化有利于攻击者

过去，几乎所有访问企业系统的人都用公司的、摆在单位办公室里的电脑访问，这时，信息安全专家则注重维护边界，避免攻击者攻击企业网络。如今的世界已经发生天翻地覆的变化。有很多途径可以进网，这大大增加了企业机构的暴露面。客户可以通过互联网访问复杂的应用程序。商业合作伙伴能直接连入企业网络，促使伙伴间协作更加紧密，但增加了企业的外部接口（external interfaces）。用户希望不论自己到了世界哪个角落仍能访问企业所有信息系统。无懈可击的"边界"概念如护城河一般老派守旧。此外，公司里仍散落存放着过时的 IT 系统，这些系统采用过时、存在脆弱点的技术，但公司却迟迟未淘汰它们，这样攻击者就有较多的机会乘虚而入。

攻击者的法律优势

在现实世界中，如果一个罪犯不停地从事违法犯罪的行为，极有可能发生的是只要操作稍有失误，在错误的时间选择了错误的地点，那么他就会被抓住。而对于网络罪犯来说，若他在一个不注重惩治网络犯罪的国家从事活动，那么情况就完全不一样了。和现实世界的罪犯不同的是，网络罪犯每从事一次犯罪活动，他的能力就被提高一次，他更加了解了被攻击企业，而不是增加了他被抓的风险。"网络攻击者只需一次做得正确便可产生巨大破坏，而发生一次又一次的错误时，他也能逃脱，"一位 CISO 这样说道，"而我们则必须每次保持正确。"

国家资助的攻击者所享有的资源

有几位 CISO 告诉我们，虽然他们能够保护自己免受罪犯及激进黑客的攻击，但是让他感到无能为力的是，那些有国家资助的网络间谍人员。一些国家为了调查一家公司的技术环境和安全漏洞，不仅在技术上很先进，而且他们有能力支持数十乃至几百人。

国家级能力分布更加广泛

一些国家研发出来的先进攻击策略未必唯独掌握在它们自己手中。

网络战争部队负责人可能会将攻击策略传达给在政治上对他们有帮助的团体。同时，更多的底层攻击者人员可能会利用已有能力做兼职以赚得更多报酬。来自新美国安全中心（Center for a New American Security）的克里斯汀·罗德（Kristin Lord）说："我们已经看到一些国家利用犯罪组织进行攻击活动，我们也知道一些国家正积极努力地发展自己的网络能力。因此，黑市是个大问题，它们早已存在于犯罪世界中，为国家和罪犯之间搭建了彼此联系的场所。"[18]

网络攻击的全球市场

互联网造就了有收藏价值的饰品的全球市场，同时，互联网也逐渐在一些方面表现突出，比如，互联网连接起这样的卖家与买家：他们买卖的是用于发起复杂网络攻击的工具，而买卖双方不仅限于克里斯汀·罗德所提及的国家、罪犯，而是包括诸多参与者。兰德研究所（The Rand Institute）的报告称，有时，在一款很受欢迎的软件[19]中发现了新的"零日"漏洞的研究人员，通过将此消息售卖给网络罪犯就能赚几百万美元。[20]

企业机构缺乏洞察力以做出智慧的网络安全决策

网络安全的核心是风险管理。CISO 试图利用一系列控制（比如加密、身份验证），在以最小的成本、对业务最少破坏的情况下，最大限度地降低重要风险（比如 IP 丢失、客户数据被盗）的可能性或影响。不幸的是，绝大多数大型机构就是没有必要的风险管理能力来制定明智的网络安全投资和网络安全政策的决策。它们不了解需要保护什么资产、自己面对着什么样的攻击者、能实施的全套防御机制及这些机制的影响。结果，它们无法有效减少风险，致使业务和支出上的代价都非常高。

为了更好地了解企业机构在网络安全方面的能力，我们询问了 60

多家全球 500 强企业来完成我们的网络风险成熟度调查（Cyber-Risk Maturity Survey，CRMS）。该调查涉及组织机构在 8 个领域的风险管理实践，尤其是它们对以下几点如何认识：

- 其面临的攻击者
- 该保护的资产
- 其网络环境中的漏洞
- 其剩余风险及风险偏好
- 其能实施的潜在控制的范围
- 评估其可能实施的控制的成本及影响上的有效程度
- 其做出的决定是否能完全实施
- 网络安全管理和组织的能力

这份 CRMS 是和来自主要机构的 CISO 一起完成的，最大限度地减少了主观性。我们没有让公司就在特定领域的进展进行评价，也没有测量某项技术、架构或控制，而是询问公司是否执行 28 项具体活动及其执行的频率，然后，用一定的数值范围来分评级，以形成对比（见图 1-9）。

网络风险管理成熟度分为四个级别：

（1）初期阶段：处在这个阶段的公司也做着努力，但基本是在最低限度范围内，缺乏严格的协议或集中的安全系统。它们没有确定单点责任制，也没有明确的向高级管理层反馈意见的路径。

（2）发展阶段：有关评估和减缓网络风险，公司拥有定性结构。整个公司有一致的治理模式，每个业务部门都实施单点责任制，明确了向高级管理层汇报工作的途径。

（3）成熟阶段：对于评估风险有定量方法，对于减缓网络风险有定性方法。有定义明确的网络安全治理模式，承担风险和决策力的业务部门内有单点责任制。

示例：C5实践，从模拟中识别漏洞

C5a 你们如何进行网络安全事件的真实感模拟？（不定项选择）

☐ 我们会基于公司可能面临的潜在场景来进行真实感模拟
☐ 我们的业务部门领导和管理团队都会参与模拟
☐ 我们的模拟活动注重风险列表中明确的最重要的资产
☐ 我们的模拟活动注重我们的最大攻击威胁所青睐的潜在攻击
☐ 模拟活动后，我们听取报告并总结整理反馈意见及识别出的潜在漏洞
☐ 我们在公司现有系统的复本上进行模拟

C5a 你们进行网络安全事件的真实感模拟的频率如何？

从不	低于每年一次	至少每年一次	至少每季度一次	至少每月一次

级别❶（初期）	级别❷（发展中）	级别❸（成熟）	级别❹（稳健）
• 有关潜在攻击，我们进行非正式的模拟	• 我们有时进行模拟，利用已定义的过程，针对优先的有风险的业务流程及信息类型 • 我们尝试至少每年模拟一次	• 我们进行跨职能部门真实感模拟，利用已定义的过程，解决业务中可能遇到的攻击，至少每季度进行一次 • 模拟活动后，我们听取报告、总结整理反馈并记录结果	• 同3（成熟），模拟活动至少每月一次，高级管理层参与其中

图 1-9　网络风险成熟度调查：利用基于事实的问题判断成熟度等级

（4）稳健阶段：此阶段的公司实施了稳健的定量方法以评估和减缓网络风险，明确指出个人对每项资产的网络安全负有责任。

要达到成熟，企业还有很长的路要走

调查结果发人深省。超过九成的企业机构尚处于初期或发展阶段，总体来说，没有一家公司可以说处在稳健阶段（见图 1-10）。

只有一家受访企业处于成熟或在每个实践领域都做得更好，超过 2/3 的企业，至少在一半的领域中尚处在"初期"或"发展"阶段。看一看总计的分数，只有"了解系统和人员"这一个领域的总计得分超过 3，意味

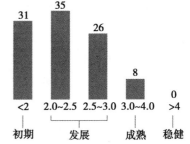

整体成熟度得分分布
（参与调查的企业机构百分比）（%）

图 1-10　网络安全风险管理成熟度低下

着，有过半的企业在这点上是"稳健"的，大多实践还是倾向低级别的"发展"阶段，而在"了解自身漏洞"中的"实施真实感模拟"这点上得分尤其低（见图1-11）。

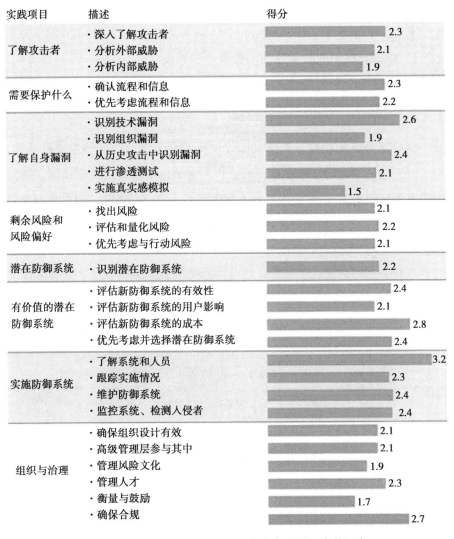

所有公司在子实践中的绝对评分

实践项目	描述	得分
了解攻击者	· 深入了解攻击者	2.3
	· 分析外部威胁	2.1
	· 分析内部威胁	1.9
需要保护什么	· 确认流程和信息	2.3
	· 优先考虑流程和信息	2.2
了解自身漏洞	· 识别技术漏洞	2.6
	· 识别组织漏洞	1.9
	· 从历史攻击中识别漏洞	2.4
	· 进行渗透测试	2.1
	· 实施真实感模拟	1.5
剩余风险和风险偏好	· 找出风险	2.1
	· 评估和量化风险	2.2
	· 优先考虑与行动风险	2.1
潜在防御系统	· 识别潜在防御系统	2.2
有价值的潜在防御系统	· 评估新防御系统的有效性	2.4
	· 评估新防御系统的用户影响	2.1
	· 评估新防御系统的成本	2.8
	· 优先考虑并选择潜在防御系统	2.4
实施防御系统	· 了解系统和人员	3.2
	· 跟踪实施情况	2.3
	· 维护防御系统	2.4
	· 监控系统、检测入侵者	2.4
组织与治理	· 确保组织设计有效	2.1
	· 高级管理层参与其中	2.1
	· 管理风险文化	1.9
	· 管理人才	2.3
	· 衡量与鼓励	1.7
	· 确保合规	2.7

图1-11 所有企业中只有一项实践中达到"成熟"度

实践中相对低的成熟度意味着什么呢？

- 只有 1/6 的企业机构里，CISO 有权叫停明显违背网络安全政策的 IT 项目或是不止每年一次进行网络安全模拟。
- 只有 1/5 的企业确保董事会审查并批准了网络安全策略的细节，或者，在每年的绩效评估中囊括网络安全团队对更广泛的 IT 花费的影响。
- 1/3 的企业中，CISO 能与 CEO 定期会面，1/3 的企业给董事会提供需要保护的最重要的信息资产的列表。
- 只有约一半的企业甚至为保护敏感信息数据明确最低标准，或每年超过一次更新攻击者的相关情报。

　　成熟度最低的领域，不只局限于网络安全领域之内的特定实践活动。由 CISO 直接控制的领域做得更好，但一旦 CISO 需要别人援助时，哪怕是需要更广泛的 IT 团队里的其他人帮忙，成熟度就会下降，更别说业务部门了。举例来说，得分最高的一些实践是"识别技术漏洞、评估新防御系统的成本"。这些，CISO 不需其他部门的大量配合。相比之下，了解资产需要与业务部门主管大量合作，这时，成熟度就大幅降低了（见图 1-12）。

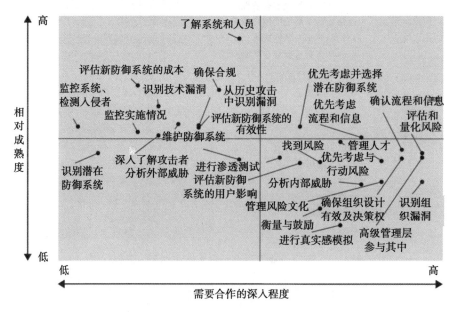

图 1-12　成熟度高的实践活动需要与网络安全部门之外的协作较少

行业、规模及花费对网络风险管理成熟度没有影响

在 CRMS 调查中，银行业要比其他行业得分高，但也只高出一点，并且，行业内部之间的差异要远大于行业间差异。相对来说，银行业在了解攻击者（鉴于该领域在情报能力上的投资）、了解漏洞及治理这些方面得分较高。相比之下，在了解潜在防御系统及其影响上，它们比平均得分稍高。整体来讲，保险公司相比得分较低，在了解需要保护的资产及现有环境中存在的漏洞方面尤其如此。然而，更为成熟的保险公司得分远远超过得分较低的银行。

大型公司未必比小些的公司更为成熟，实际上，一些年收入不到百亿美元的公司是成熟度最高的一些公司，这可能是因为在较小较为简单的机构中透明度和协作更易实现。

在网络安全上花费更多，并没有成就更高的网络风险管理成熟度，这或许是最令人惊讶的。虽然，网络安全花费在整个 IT 支出中所占比例并不是绝对的指标，但也能从中感知用于网络安全的资源量，这与需要保护的规模有关联。以一家公司的风险管理成熟度与安全支出占整体 IT 支出的比例为对照的结果五花八门，公司在全部四个象限内皆有分布（见图 1-13）。

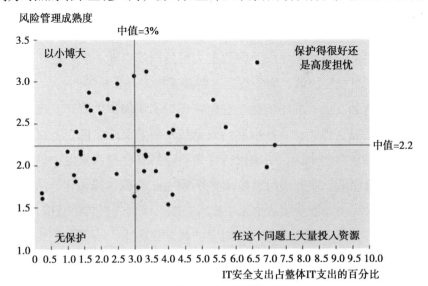

图 1-13 支出多未必成就更高的风险管理成熟度

无保护部分的公司能力最低，它们的安全团队规模较小、在网络安全技术方面投资较少、缺乏明智分配有限支出的洞察力。例如，一家金融机构的高级管理人员认为，它们不会成为攻击目标，因为它们不是在美国经营，这导致了它们一贯的做法：投资不足、对于潜在风险防范得极为狭窄、不完全。

以小博大的企业机构支出较少，但比其他企业能从投资中收获更多价值，通常因为它们清楚地知道最值得保护的资产是哪些，因而它们的有限预算利用得非常有效。比如，在一家制药公司，疲软的生产线导致的预算紧张以及对 IP 被盗的担忧，促使 IT 部门开发一套机制去了解风险，注重将投资用于保护公司最重要的资产上。

一般来说，高度担忧的企业机构在风险管理成熟度和相关支出上都较高。一家尖端制造公司认为，自己已无可选择，因为其攻击者老练以及军方和情报方面客户的期待，它们只能在网络安全上投入大量资源，也必须做出明智决定。高管们率先在此问题上花费很大精力，他们投入时间和精力培养较强的能力，更加了解攻击者、评估自身的漏洞，并选择冲击强度高的防御机制。事实证明，拥有这样的企业文化更容易实现这些，也更珍贵：一旦制定了某项政策，就倾向于支持并执行。

最后要讲的是在网络安全问题上大量投资的企业。它们往往拥有规模较大的网络安全团队，实施或至少购买了很多最为精尖的技术。然而，有了这所有的支出，并不能确定它们就保护了该保护的资产，也不清楚保护的方法是否得当。一些以网络安全技术成熟而闻名的企业机构属于这最后一种。举例来说，一家银行优先给网络安全投入资金，但是没能让主要安全团队、业务部门领导及业务部门 IT 有效沟通协作。结果，即便预算庞大，主要安全团队也无法准确把握应该优先保护哪些信息资产、每个业务部门诸多应用程序投资组合的漏洞在哪里。不可避免地，结果就是，即便投资多，但也出现了破坏性的缺口。

● ● ●

各企业机构面临着严峻的网络安全挑战。数字化的普遍创造了巨大的价值，但同时也让它们更依赖于技术，这增加了遭遇破坏时的赌注，激发了有能力、有决心的攻击者。因此，从客户数据丢失到企业运营受破坏，再到欺诈，企业机构面临着来自网络攻击的各种毁灭性、代价高昂的风险。同时，攻击者能快速提高攻击的速度和先进程度，且快于企业机构提高防御能力的速度。

由于缺乏事实和过程来做出关于网络安全投资及策略的明智决定，大型企业机构进一步受到束缚，意思是说，它们没有用最低的成本、在对业务破坏最少的前提下来最大限度地保护自己。

结果，正如如今的实际情况，网络安全正破坏着大型企业机构从技术创新和技术投资中获取价值的能力。在防止自己不受真正的、重要的威胁伤害的过程中，企业机构的网络安全控制降低着终端用户效率、从能创造价值的 IT 中转移出稀缺的资源、放慢了引进重要技术能力的速度。

注释

[1]Rashid, Fahmida Y., "Cyber-security Hurts Federal Government Productivity, Survey Says," *eWeek*, September 30, 2010. www.eweek.com/c/a/Security/CyberSecurity-Cutting-Federal-Government-Productivity-Survey-744792.

[2]*Cisco 2014 Annual Security Report*, January 2014.

[3]Bigelow, Pete, "Israeli Cyber-security Researchers Remotely Hack a Car," *autoblog*, November 8, 2014. www.autoblog.com/2014/11/08/car-remotedly-hacked-israel-cyber-security.

[4]Center for Strategic and International Studies & McAfee, *Net Losses: Estimating the Global Cost of Cybercrime*, June 2014. www.mcafee.com/us/resources/reports/rp-economic-impact-cybercrime2.pdf.

[5]RSA, "Cybercrime and the Healthcare Industry." White paper, September

16, 2013. www.emc.com/auth/collateral/white-papers/h12105-cybercrime-healthcare-industry-rsa-wp.pdf.

[6]McGregor, Jay, "The Top 5 Most Brutal Cyber Attacks of 2014 So Far," *Forbes*, July 28, 2014.
www.forbes.com/sites/jaymcgregor/2014/07/28/the-top-5-most-brutal-cyber-attacks-of-2014-so-far.

[7]Clearswift, "eBay Cyber Attack Fallout—Consumer Response: Half of UK Adults Have Lost Trust in eBay since Cyber Attack." Press release, May 23, 2014. www.clearswift.com/about-us/pr/press-releases/ebay-cyber-attack-fallout-consumer-response.

[8]Mac, Ryan, "eBay CEO: Sales, Earnings Affected by Cyberattack Body Blow in Challenging Second Quarter," *Forbes*, July 16, 2014.
www.forbes.com/sites/ryanmac/2014/07/16/ebay-ceo-sales-earnings-affected-by-cyberattack-body-blow-in-challenging-second-quarter.

[9]Ponemon, "Ponemon Institute Releases 2014 Cost of Data Breach: Global Analysis." Press release, May 5, 2014.
www.ponemon.org/blog/ponemon-institute-releases-2014-cost-of-data-breach-global-analysis.

[10]Target, "Target Provides Update on Data Breach and Financial Performance." Press release, January 10, 2014.
http://pressroom.target.com/news/target-provides-update-on-data-breach-and-financial-performance.

[11]National Bureau of Asian Research, "The IP Commission Report," Report of the Commission on the Theft of American Intellectual Property, May 2013.
www.ipcommission.org/report/IP_Commission_Report_052213.pdf.

[12]Serrano, Richard S., "Manning's Leaks Jeopardized U.S. Ties to Allies, Diplomat Testifies," *Los Angeles Times*, August 1, 2013.
http://articles.latimes.com/2013/aug/01/nation/la-na-manning-trial-20130802.

[13]Schwartz, Mathew J., "Banks Hit Downtime Milestone in DDoS Attacks," *Information Week,* Dark Reading, April 4, 2013.
www.darkreading.com/attacks-and-breaches/banks-hit-downtime-milestone-in-ddos-attacks/d/d-id/1109390.

[14]Bronk, Christopher, and Eneken Tikk-Ringas, "The Cyber Attack on Saudi Aramco," *Survival: Global Politics and Strategy*, 55(2), April–May 2013, pp. 81–96.

[15]"Aramco Says Cyberattack Was Aimed at Production," *New York Times*, December 9, 2012.
www.nytimes.com/2012/12/10/business/global/saudi-aramco-says-hackers-took-aim-at-its-production.html.

[16]Kolbasuk McGee, Marianne, "Sutter Health Breach Suit Dismissed," *Data Breach Today,* July 22, 2014. www.databreachtoday.com/sutter-health-breach-suit-dismissed-a-7095.

[17]Popper, Nathaniel, "Knight Capital Says Trading Glitch Cost It $440 Million," *New York Times*, August 2, 2012. http://dealbook.nytimes.com/2012/08/02/knight-capital-says-trading-mishap-cost-it-440-million.

[18]Walsh, Eddie, "The Cyber Proliferation Threat," *The Diplomat*, October 6, 2011. http://thediplomat.com/2011/10/the-cyber-proliferation-threat.

[19]零日漏洞攻击描述对手发现的一种此前未知的漏洞，目前没有威胁签名、补丁或对策。所有机构都易受这样的攻击。攻击者使用零日漏洞一旦被发现，就需要用数周乃至数月时间来开发软件补丁并部署补丁以关闭漏洞。

[20]Ablon, Lillian, Martin C. Libicki, and Andrea A. Golay, "Markets for Cybercrime Tools and Stolen Data: Hackers' Bazaar," Rand Corporation, 2014.

第 2 章

情况会好转，也可能变糟糕：

3 万亿美元经济损失

6 年前，没有人用平板电脑收发电子邮件，也没人谈论"大数据"，企业没有私有云项目，大多数人认为像 RSA 这样的安全技术公司不会受到网络攻击，几乎没有人听说过"匿名者"或"卢兹安全"这样的黑客组织，也不认为网络战士会发起圣战，爱德华·斯诺登（Edward Snowden）还是美国中央情报局（CIA）一名匿名的承包商雇员，且从事着计算机安全相关的工作，全国性报刊也不会在头版头条报道各国政府相互之间就网络间谍的控诉与反控诉。

如今，各企业的网络安全环境是极为动态的，业务流程的数字化在继续加快这种步伐，市场上涌现出各种让人眼花缭乱的技术，新的安全产品出现受到人们的追捧，但有时却没有其承诺的那样有效。同时，攻击者数量也在激增，他们试验新手段，变得更为无拘无束、大胆行事，数十个司法管辖区的几百个政府机构转变策略、发布新法规、增加投资以提高网络安全防御和攻击能力。

在这些纷繁复杂的活动面前，各企业需要做出将影响企业未来发展的 5 年甚至 10 年决策。它们必须在研究与开发（R&D）项目上投资，这样以后才可从中获益。它们现在实施的技术、开发的应用程序，将在未来依旧维持业务流程。合同外包安排将至少持续五六年。现在引进的一线技术专家将能解决甚至今天还没有遇到的问题，而原有技术专家还正应付当前面临的种种挑战。

对于网络安全生态系统中的其他参与者来说，形势也并不好到哪儿去。供应商现在需要为 2020 年乃至更久远的未来产品投资，政府要尽可能保证将出台的法律法规适用于数年乃至数十年。当与网络安全相关的事态发展都很难预测时，企业高管们在做战略决策的时候如何充分考虑网络安全呢？

对于那些往往纷繁复杂、又具有动态变化特点的环境，例如网络安全，场景分析（scenario analysis）法是最有效方法之一。荷兰皇家壳牌集团在 20 世纪 60 年代末就开发了现代的场景规划。当时由皮埃尔·瓦克（Pierre Wack）及彼得·施瓦茨（Peter Schwartz）领导壳牌公司集团规划组，首先设想 70 年代 [1] 油价不断上升、接着在 80 年代暴跌的场景。这让壳牌公司为此前未考虑过的市场行情做好准备。[2]

正如彼得·施瓦茨在其《前瞻的艺术》（The Art of the Long View）一书中所描述的那样，场景分析法能展现出另外一个世界里的故事。这些世界是看似合理的未来，是建立在一套基于优先、能创造每个未来世界的驱动力的基础上的，比如，可能会被研发出来的技术或有所改变的消费者偏好等。

重要的是，这些场景要让人感觉真实，并有细节描述。它们是什么样子、感觉如何？谁是赢家、谁是失败者？每个场景可能发生的早期信号是什么？于是，商业和公共政策领导者就能查看所有可能存在的场景，帮助他们采取最有利于结果的决策策略。举例来说，有没有什么措施可以让更有吸引力的场景出现，当一种或另一种场景来临时，是否能够事前提醒管理者调整计划？[4]

场景规划及网络安全

最先应用网络安全场景进行规划的不是我们。举例来说，美国大西洋理事会（Atlantic Council）网络治理倡议项目的杰森·希利（Jason Healey）曾设定一系列场景，在《网络冲突与合作的五种未来》(*The Five Futures of Cyber Conflict and Cooperation*) [5] 一书中囊括了现状（Status Quo）、冲突域（Conflict Domain）、割据状态（Balkanization）、天堂（Paradise）、网络末日战（Cybergeddon）。

相比之前的工作成果，我们较少关注地缘政治，更多的是关注不同的网络安全场景如何影响全球网络生态系统从技术创新中获取价值的能力。这就意味着关注商业、法规及消费者行为，还有关注需要自我保护的个别机构。在场景开发中，我们通过人员访谈发现 20 多种未来网络安全格局的驱动力，从企业网络"暴露面"到政府执行网络犯罪法律的能力，可谓包罗万象。

在开展场景规划时，20 个驱动力太难于处理，不实用。因此，我们优先介绍会产生最大影响的 8 个驱动，并将它们分为两组，形成宏驱动：

威胁强度

- 攻击技术的易用性
- 技术经验丰富的年轻人的不满程度
- 攻击工具的扩散程度
- 攻击者和攻击工具的先进性

响应能力

- 企业自我保护的经验
- 防御技术创新的速度
- 抗击网络犯罪的国际合作

- 在公共和私营部门间共享信息或共享知识的程度

每个宏驱动构成三种场景：得过且过的未来（muddling into the future）、数字反弹（digital backlash）、数字化适应力（digital resilience）（见图 2-1）。

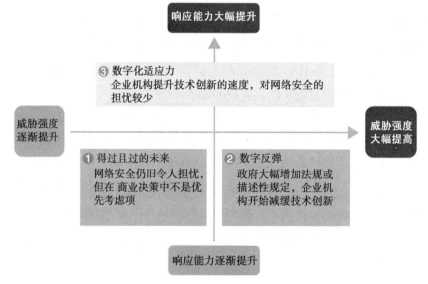

图 2-1　威胁强度和响应能力的变化导致场景不同

得过且过的未来。在这个场景中，威胁强度和响应能力的发展步伐大致相同。这个场景与我们所生活的当今世界有着很多相似点。攻击者继续入侵重要的机构，机构反过来觉得他们似乎忙于一个永不停止的"打鼹鼠"游戏。网络安全富有挑战性、花费昂贵，对大多机构来说都是头疼的事，但是，大多数情况下，网络攻击对世界经济从技术创新中获取价值的能力的影响是有限的。

数字反弹。在这个场景中，威胁的强度超过企业机构和政府防御网络攻击的能力。这里的一系列攻击不仅让人感到不知所措，也具有高度破坏性，这些攻击削弱了数字经济的信心。结果，监管者、企业机构甚至消费者开始叫停数字化进程，造成从技术创新中能够获取的价值急剧下降。

数字化适应力。在这个场景中，企业机构和政府齐心建立对抗网络攻击的适应力。攻击和破坏在继续发生，但是越来越清晰的是，它们的危害能得到遏制。有针对性的、灵活的防御机制，可降低网络攻击的损失。结果，重要技术的应用速度明显增加。

悲观主义者可能会问，为什么没有描述好莱坞电影中的那种社会或经济崩溃的场景。就像《龙之日》（*Dragon Day*）中，网络攻击摧毁了美国社会，每个微芯片上，都植入了病毒，同步激活这些病毒引发了社会混乱状态。

然而事实上，在线经济没有"死亡开关"，如果想策划并执行一系列先进、广泛、持久的网络攻击，导致大规模的现代多元化经济瘫痪，需要强大的国家提供资源保障。如果两个超级大国想要利用网络武器摧毁彼此的经济，它们可以做到。不过，如托马斯·里德（Thomas Rid）在《网络战争不会发生》（*Cyber War Will Not Take Place*）一书中所指出的，过去，它们利用手上的其他的传统武器也能摧毁彼此。

搞网络破坏需要技术先进的参与者、可用的资源、足够的动机，其中后者尤为重要。在我们撰写本书时，没有哪个国家或其他参与者具有全部这三个因素。举例来说，全球经济的互联性意味着，一个国家瓦解了，其他国家的银行交易业务也可能遭受影响。在电影剧本之外，搞网络破坏的动机是不存在的。

面临什么危险

在识别和描述场景之后，我们将场景对世界经济从技术创新中获取价值能力的影响进行量化。

麦肯锡的独立调查机构麦肯锡全球研究所（McKinsey Global Institute，MGI）曾分析技术创新的价值。在其《颠覆性技术》报告中，该研究所研究了改变社会生活、商业以及全球经济的 12 项技术，到 2025 年，这些技术每年对全球经济的影响额在 14 万亿～ 33 万亿美元。[7]

然而，我们在对网络安全负责人和专家的采访中发现，很多技术的广泛应用前提是，保障它们所依赖数据的机密性和完整性。如果医生和患者认为电子病历会被偷走或被破坏，要劝他们使用电子病历就会更难。在达沃斯举行的 2014 年世界经济论坛中的很多会议上也反映出这个问题：关于技术创新的谈话会很快演变成讨论某项技术是否能保护相关数据。

我们认为，MGI 的 12 项技术进步中的 9 项有遭受网络安全威胁的风险，这意味深长，包括云计算、物联网、移动互联网、快速进入新兴市场、知识型工作的自动化、社会技术、电子商务、无人驾驶汽车及下一代基金组学。综合 MGI 的数据，假设 9 项技术都得到积极实施，在2013 ～ 2020 年，每年创造的价值在 8 万亿～ 18 万亿美元（见图 2-2）。

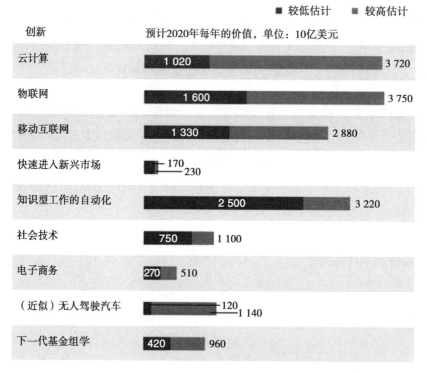

图 2-2　在 2020 年可创造 8 万亿～ 18 万亿美元价值的 9 项技术创新

资料来源：MGI reports, United Nations Conference on Trade and Development (UNCTAD), International Monetary Fund (IMF), McKinsey Economic Analytics Platform, industry leader interviews.

　　然而，技术高管告诉我们，他们的公司是否能开展应用这些技术，很大程度上受这些技术的网络安全风险是否可控的观点影响。在数字化适应力场景中，每年 18 万亿美元的价值可完全实现，但是其他两个场景中延缓执行现象会对预期价值的实现产生很大影响。举例来说，到 2020 年，采用云计算技术每年能产生 2.7 万亿美元价值，但这只是在"数字化适应力"场景中，在"得过且过的未来"场景中，技术的延缓使用时间超出 11 个月，这相当于到 2020 年每年造成 4 700 亿美元的损失。在"数字反弹"场景中，所有技术推迟使用的时间会是前者的 3 倍之多。因此，以云计算为例，推迟使用 3 年，经济损失也就是前者的 3 倍。到 2020 年，全球经济约损失 1.4 万亿美元。

　　当然，这些数字估计存在一定的误差，但不管确切数字是多少，足见网络安全的影响是很大的。如果我们深入了解这三个场景，可以看出是什么让这些场景得以实现、在这些情况下的世界将是怎样的、这些场景对实现变革性技术的价值影响有多大。一些 CIO 及其他商业领袖已经发现如今世界网络安全环境非常有挑战性，他们或许意识到这个挑战会越来越大。

场景 1：得过且过的未来

2020 年 1 月 15 日

　　在简·施娜格斯（Jane Schnauggs）的办公室里，糟糕的一天开始了。她是美国最大型公立贸易医院网络公司 HyperCare 的 CIO。

　　简对今年的预算内容甚感失望和厌烦，生意合作伙伴希望她提供最新一代移动患者体验和临床决策支持工具，且又不提高 IT 预算。

　　简用近 18 个月时间才招聘到新上任的 CISO 弗兰克，但是简并不知道弗兰克花钱大手大脚，且爱争论。虽然检测病毒的新工具并不是特别昂贵，但还没人能告诉她如何在恰当的时间范围证明它们发挥效力。预算的真正问题在于，弗兰克坚持认为网络和应用程序重构必不可少，"它们从最初设计就都不安全。"虽然这些没有加入到安全预算中，但不代表预算价格能变得更低。

此外，简多年来取得的来之不易的运营效率，受到诸多监控和打补丁的活动（大部分由监管者规定）的大幅影响。刚进入 1 月，简就已开始担心因为今年的预算面临的危机了，还有就是，与首席财务官的第四季度会议也会令人极为不悦。

更糟糕的是，现在，移动和临床支持项目的进度都落后于计划数月时间，原因在于，弗兰克宣称每个应用程序在处理敏感数据中都存在根本缺陷。每隔几天，简就会从不同的高级医师处收到一封新邮件，邮件中告诉她，新的密码策略让他们非常头痛。

简的办公室门被人推开，打断了简沉默的抱怨。

"弗兰克，"她说，"请不要误会，我想说，你不是我最想看到的意外访客。"弗兰克带着歉意，脸上闪过一丝笑容，这之后通常会是坏消息。

情况本会更糟糕，但幸好，这些攻击者还相对没那么有经验，他们曾试图从电子病历系统盗取约 1 500 名患者的数据。

"他们从一个 IP 地址范围控制恶意软件，这个范围是因网络犯罪而闻名的，"弗兰克说，"如果不是这样，我们就不可能这么快抓到他们，他们可能打算用这些病历进行医疗欺诈，或者卖给可能进行欺诈的第三方。现今，个人健康信息病历的市场价格或许已经达到每人近 1 000 美元了。"

出此纰漏，面临的罚金可能有 200 万美元，摆脱各种民事诉讼可能还得再需要两三百万美元。一家大型医院的医务主任向记者承诺，所有患者的信息都未遭破坏。这像是把他们都当成白痴了。

作为一家年收入为 150 亿美元的公司，这个代价是沉重的，但绝对可控。当然，一旦弗兰克回来告诉简，解决系统缺陷所需的花费，简就知道今年她无法达到预算目标了。

"得过且过的未来"场景，就相当于"什么事没有发生"，和"发生了什么"没什么两样。

攻击者会继续提升攻击能力，但是国家级的攻击能力仍掌握在一小部分国家手上，它们会为保护现有经济秩序而投入大量资金。为了获取政治利益、军事情报和经济利益，一些国家继续无耻地监听，不过网络武器仍待在仓库里。其他网络攻击者继续扩大活动范围，盗取身份信息、进行欺诈，不过，他们的攻击仍是寄生性的而非破坏性的，只是将全球在线经济巨大数额中的很小一部分囊括到自己口袋中。毕竟，如果攻击者今天迫使一家银行或在线零售商遭受破坏停业，下回他们就无法再从中盗取信息了。

企业机构会努力保护自己，对网络安全模型会投入更多资源，进行更严格的设计——这些模型是 2014 年好不容易才建立的。保护企业不受网络攻击仍是"IT 的问题"，更具体地说是"CISO 面临的问题"。高级管理者会继续规划商业战略、制定业务流程，而不考虑基础数据如何得到保护。商业领袖没有完全参与到网络安全的讨论中，使得决定哪些数据最需要保护变得很难。这样，IT 安全团队只能给所有数据都提供同等保护级别，这就增加了花费，也给用户带来了不便。安全工作仍应位于应用程序开发和基础设施环境之上，而不是内嵌其中，不然只会让新技术的实施延迟时间、增加花费。

在这个场景中，更广泛的生态系统给企业机构提供的帮助十分有限。网络安全策略仍是相互脱节的，国家间合作较少，不同企业、监管机构间的协作也不多，情报机构正努力寻找与私营机构分享网络情报的方法，既不造成隐私泄露也不破坏敏感信息来源；CIO 和 CISO 继续面临令人眼花缭乱、错综复杂的隐私和安全方面规定；供应商依旧将创新性安全技术带到市场上，但是很少有新标准出现，并且大多产品只有一次性解决方案，没有大规模劳动密集型集成系统的话，这些产品就不适合用于更广泛的安全平台。

影响数十亿美元

对于这个场景中的 CIO 来说，网络安全就像 20 世纪五六十年代初的纽约警察，小罪犯和有组织的犯罪从来没消失，但也从来没真正控制什么或对城市的社会和经济造成根本威胁。然而，CIO 总是觉得自己比攻击者慢半步，陷入无止境的应用安全补丁，不停试验那些声称能识别攻击的新安全产品中。要符合那些复杂的规章制度会占用更为紧张的安全资源。在全球技术环境中，在不同国家间协调监管内容、法规规定，会让任何技术的落地都变得越来越难。

对组织机构来说，网络安全工作比较麻烦，实施成本高，而且安全团队、业务团队及其他技术团队之间会经常因为技术创新引发的安全问题发生冲突。大多技术创新仍能合理、及时地落地实施，但是由于移动平台的普遍性及其安全问题，很多云服务供应商的安全模型缺乏透明度等原因，移动应用技术和公有云技术方面的实现速度显得尤其滞后。以物联网为例，当监管机构及企业找到了将消费电器、工业机械安全地连入互联网的方法时，如果比预计推迟 5 个月投入应用，将意味着放弃在 2020 年实现 2 100 亿美元（相当于这个场景中年度总价值损失的 5%）的价值。

有些人的家居采用网络实现自动化操作，但没有人会希望犯罪分子借此能了解到自己何时出城或是家里有什么值钱的物品。

由于延缓使用创新技术应用，"得过且过的未来"这一场景会导致在 2020 年累计损失超过 1 万亿美元，其中影响最大的是云计算、物联网、移动互联网、知识型工作的自动化（见图 2-3）。

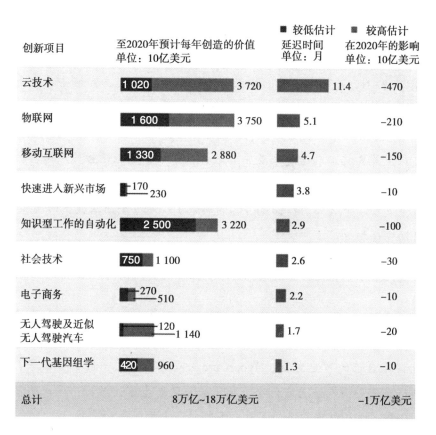

创新项目	至2020年预计每年创造的价值 单位：10亿美元	延迟时间 单位：月	在2020年的影响 单位：10亿美元
		■ 较低估计 ■ 较高估计	
云技术	1 020 — 3 720	11.4	−470
物联网	1 600 — 3 750	5.1	−210
移动互联网	1 330 — 2 880	4.7	−150
快速进入新兴市场	170 — 230	3.8	−10
知识型工作的自动化	2 500 — 3 220	2.9	−100
社会技术	750 — 1 100	2.6	−30
电子商务	270 — 510	2.2	−10
无人驾驶及近似 无人驾驶汽车	120 — 1 140	1.7	−20
下一代基因组学	420 — 960	1.3	−10
总计	8万亿~18万亿美元		−1万亿美元

图 2-3 "得过且过的未来"场景将 1 万亿美元置于险境

资源来源：MGI reports, UNCTAD, IMF, McKinsey Economic Analytics Plaform, industry leader interviews

场景 2：数字反弹

2020 年 1 月 15 日

"嗯，今天不会是办公室里的一个糟糕日子吧。"和 HyperCare 公司的 CEO 及法律总顾问坐在参议院听证会房间里，简·施娜格斯这样想着。她曾试图推掉在参议院国土安全及政府事务委员会中为 CISO 弗兰克作证，但是，公司的法律总顾问礼貌但坚决地告诉她，鉴于目前问题的严重性，该参议院委员会成员想要听到来自公司最高层技术领导的证词。

　　参议员看了看他的笔记，对简说："我想了解 HyperCare 公司在移动临床试验（Mobile Clinician Experience）项目上的安全策略，你们称为 MCE？ HyperCare 公司未能保护自己免受网络攻击，这些攻击利用了 MCE 技术漏洞关闭了手术室，影响到六个大城市的医院。急救医疗操作不得不转至附近的公立医院，造成严重干扰。我还知道，HyperCare 的临床决策支持工具遭受了攻击者破坏，幸亏护士拒绝按照该工具的说明开展治疗，才让数十位患者未受到有害治疗。施娜格斯女士，你在此过程中发挥了什么作用？你是否真的忽略了公司安全团队提出的对 MCE 项目的安全担忧？"

　　简沉默了一会儿，尝试回忆她从企业公关团队得到的指导。

　　简在 HyperCare 公司做 CIO 的两年并不是十分轻松。出于某种考虑，一些有时间、别有用心的黑客都认为，让医疗保健公司陷入尴尬境地能促进自己的事业发展。HyperCare 公司参与了《平价医疗法案》的实施，可能一些人认为它是个有裙带关系的资本家，另有一些人明显认为，一家私营连锁医院会为了利益而牺牲患者的健康和安全。

　　攻击者先发起分布式拒绝服务攻击，搞瘫了 HyperCare 公司的互联网服务器，阻止患者预约或查看实验室结果，这给患者造成各种不便。攻击者在网上泄露的信息更让公司感到尴尬。管理人员在备忘录和电子邮件中讨论如何让医疗保险补偿最大化，这已经够糟糕的了。更糟糕的是，名人、政客的个人健康信息被泄露，尤其是这引起的罚款问题，同时还激起人们对电子病历隐私保护的怀疑。

　　弗兰克的安全团队认为，网络罪犯利用政治攻击来分散安全团队的注意力，同时他们还从事一些赚钱的买卖：为了医疗诈骗而删除信息。

　　简静静地想着她对很多公共机构的不满。她感觉，有时弗兰克及其团队要与一长串机构打交道，而这些机构提出的要求与法律及国家安全要求之间有时是重复的甚至是相互矛盾的。弗兰克告诉她，不论是出于隐私保护原因，还是要保护情报界在监控网络攻击中的"资源及方法"，他们对可操作信息的每个请求都置之不理。

在保护 HyperCare 公司的系统和数据上，她投资很多。对于监管者所要求的每个安全技术，她都安排预算。她还对每个重要的 IT 流程进行严格控制，在应用程序开发的每个阶段，都需要先得到安全团队的签字验收，否则不允许项目继续执行。但是，这并没有让商业合作伙伴满意，后者还抱怨要做每件事都像要用一辈子时间似的。然而，每当出现攻击的时候，大声抱怨 IT 不称职的也是这些人。

MCE 曾被寄予厚望成为力挽狂澜的规则改变者：利用 IT 技术创新提振 HyperCare 的项目——通过将丰富的病例与临床决策支持匹配到一个移动屏幕上来提高医疗工作效率。由于系统受到攻击，董事会开始质疑 IT 技术创新是否能提高工作效率。要知道，为了得到高层领导团队的支持，简已经把自己的个人信誉也赌上了，最终，这个项目获得批准。CFO 已然将技术创新带来的运营收益并入下一年的预算，医生们也高度赞扬用户体验。

弗兰克曾告诉她："从多个供应商处得到的设备、操作系统、容器及应用程序平台不如从一家供应商得到的集成水平高。要问是否会遭非法入侵？随时都有可能。我们已经在安全架构上耗费大把时间，但是，最后出于性能的原因我们被要求将大量数据放入这样的设备中。你得做个决定。"

最后，简开始说话了，解释自己为何批准该项目继续推进。

"数字反弹"场景中往往有不健全的响应机制，这远非不切实际的例外场景。安全公司 RSA 的副总裁、安全环境方面最受尊敬的评论员之一阿特·科维略（Art Coviello）说："大家都想当然地认为我们的网络安全最后自然而然地会进入得过且过状态，我不这么认为，除非情况有所转机，我们会进入数字反弹状态。"

攻击者会优于防护者始终处于领先，威胁变得更加让人不安。网络攻击专家意识到，他们可以通过向网络罪犯转售恶意软件、脚本或他们研发的技术，来稍微弥补企业或国家收入。各国政府会因网络间谍引起的控诉与反控诉而愤怒，也不想费事去追捕来自国内的破坏性攻击——只要这些攻击不是针对外国的。

一些技术熟练的年轻人会认为政府及商业机构对自己的需求和担心没有响应，进而，他们会认为通过黑客行为最能让别人听到自己的声音。对此，一些人还会辩称，如果大型机构的表现合乎道德规范，他们就不该担心内部讨论内容会被公之于众。

如果组织机构使用传统的、遵守法规为主的网络安全模型，上述环境将使传统安全模型无效。大部分应用程序及基础设施架构从来设计得都不够安全；公司不知道如何集中安全控制保护最重要的信息资产；不能开展数据分析以实时识别攻击，也不能在遭遇入侵时及时响应。这样导致的结果就是，可能出现针对大型机构的一系列非常公开的、非常有破坏性的攻击，并会引起多种强烈冲突。

我们采访的很多 CIO、CISO 称，监管过度是网络安全风险最高的，意思是说，监管机构会努力制定很多规定：要采取什么安全控制、需要多少防御路线、哪些数据必须由内部托管等。在达沃斯论坛上，参与者提出"网络冷战"，即不同国家会利用网络安全作为借口创建"分裂网"，这些"分裂网"相对全球互联网（虽然越来越多地被视为美国运行的）来说存在不同的标准。

除了监管中存在的挑战，还面临着制度冲突。安全往往是应用新技术的瓶颈，很多 CIO、CISO 告诉我们，在安全威胁形势严峻的网络环境中，瓶颈就变得越来越紧。网络攻击风险越大，组织机构就会在新技术应用上越趋于保守。

　　最后，还面临与消费者冲突的可能性。这或许是最不可能但又最具破坏性的反作用。大多数情况下，消费者会对网络攻击和破坏的宣传泰然处之，他们仍会在塔吉特百货购物、依旧使用索尼的在线游戏网络等。但是，在这方面已经开始担忧的迹象。举例来说，财富管理和经纪公司的 CISO 告诉我们，富裕的客户已经开始向公司财务顾问提出一些很尖锐的关于公司财务数据安全性的问题，这些问题就是由于当时发生的网络攻击引起的。波耐蒙研究所近期的调查证实，消费者越来越担心网络攻击问题，尽管他们还没有准备采取什么行动。[8]

　　然而，如果受到破坏的数据很多，引起广大消费者的担忧，那么影响将是深远的。这时，公司就会突然之间发现很难说服客户利用移动支付、使用公司提供的在线服务、接受电子病历等，更不用说让他们喜欢使用企业提供的其他更先进的技术了。

危及商业模式及整个企业

　　当我们向半导体公司的管理者解释"数字反弹"场景时，他们不禁睁大了眼睛。"如果发生了这个场景，"其中一位说道，"那么物联网就不会出现或出现得那么快了。"接着，他们解释道，公司的收入增长预测很大程度上依赖于这些联网设备所需的芯片量。

　　银行业 CISO 的反应则不同。他们认为自己的银行已然开始经历过数字反弹的场景了，同时，监管较少、非传统的竞争对手仍懵懂地走向未来，这一差别给银行创造了竞争劣势。

　　对于 CIO 和 CISO 来说，数字反弹像是一场特别有创造性的持久战斗。潜在攻击总是从另外一个方向过来，但你却不能了解攻击者的意图。最重要的是，为了抵抗攻击不得不采取很多限制措施，至少会给用户带来很多（如果不是更多的话）不便。对于那些想从数字经济中创造价值的 CEO 及其他商界领袖来说，这个场景看上去像是 20 世纪 70 年代的纽约，当时，对犯罪的恐惧影响了纽约的旅游业，致使投资低迷、居民和企业"逃"往城郊及更远地方。

结果就是，数字经济各个方面的发展都是慢吞吞的，企业机构在物联网上进行投资的速度更慢了，监管者对哪些数据可以存储在云端的限制会变得更加严格，消费者也会对是否使用移动商务更加迟疑。

在这个场景中，延迟 15 个月采用物联网技术，在 2020 年从这项技术中获取的价值将减少 6 300 亿美元。总的来说，在 2020 年，数字反弹造成的损失将达 3 万亿美元 (见图 2-4)，这是很令人吃惊的数字。

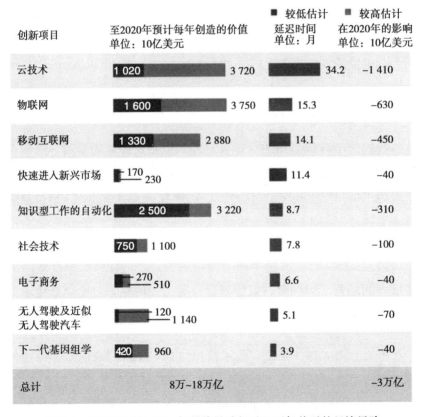

创新项目	至2020年预计每年创造的价值单位：10亿美元		延迟时间单位：月	在2020年的影响单位：10亿美元
云技术	1 020	3 720	34.2	−1 410
物联网	1 600	3 750	15.3	−630
移动互联网	1 330	2 880	14.1	−450
快速进入新兴市场	170	230	11.4	−40
知识型工作的自动化	2 500	3 220	8.7	−310
社会技术	750	1 100	7.8	−100
电子商务	270	510	6.6	−40
无人驾驶及近似无人驾驶汽车	120	1 140	5.1	−70
下一代基因组学	420	960	3.9	−40
总计	8万~18万亿			−3万亿

图 2-4 "数字反弹"这一场景将导致超过 3 万亿美元的经济风险

资料来源：MGI reports, UNCTAD, IMF, McKinsey Economic Analytics Plaform, industry leader interviews

场景3：数字化适应力

2020 年 1 月 15 日

简·施娜格斯在办公室里经历着漫长的一天，不过，这已经是很好的状态了。

"可以肯定的是，我们丢失了一些数据，"CISO 弗兰克对她说，"不过，大多是一般业务数据和操作数据。我不能确定的是，攻击者利用新医院建设时间计划能做什么。对于他们能成功渗透网络低安全区域的说法，我们还没有找到证据，因此不能说个人健康记录已经受到影响。幸亏我们这么早就发现了他们。"

数据攻击者尝试盗取各种数据，这总是能让简感到惊讶。一个国家曾开展一项运动，旨在盗取 HyperCare 公司治疗诸多慢性和急性疾病的医疗实践。该公司首席医疗官的回应是非常有趣的："他们是否知道我们已经将这些都发表在医疗刊物上了？我知道，订阅这些刊物的费用偏高，但是这么做也太极端了！"他还建议将一些信息输入网络，告诉黑客们，HyperCare 很高兴接待来自该国的医疗代表团到公司任何一所大医院去参观。"能提供适当凭证的话，"他冷冷地说道，"他们甚至可以参与手术。"

建造软件网络（software-defined networking）已经成为一场真正的战役。网络运行中很多人起初都是很抵触的，获得初步投资也是煞费苦心，但是今天这一切都得到了回报。软件网络可以让简的团队针对敏感的业务和敏感数据设置单独区域，而无须采取网络分区域模式。如今，攻击者针对最敏感资产的动作被真正延缓了。

当然，把业务领导和医疗领导拉在一起谈论网络安全也费了不少努力，特别是企业 CEO 没有亲自主持筹划委员会的情况。大家每个人都知道个人健康信息是非常敏感的，任何与医疗保险和医疗补助补偿相关的事情都是非常敏感的。但是让整个企业管理团队都感到惊讶的是，很多数据实际上都没进行保密处理，例如建筑方案、维护计划、医疗实践等，这个列表还很长。

为了衡量战略应用平台与私有云环境，公司开展了很多艰苦细致的工作，不过最终证明这也是值得的。简在决定是否投资项目时，是以项目成本、灵活性及上市时间等为依据的，不过她醉翁之意不在酒：她想将安全性构建到平台中，这样，你不得不让一个新项目显得不安全。如今，公司私有云提供的托管环境高度透明，可帮助他们快速识别遭到破坏的系统。

因为有了这样的应用平台和云环境（以及在部署之前没有因安全问题而延迟），该团队可以更快地构建新型移动临床试验（Mobile Clinical Experience）后端，速度比前几年快得多。简将一些结余进行再投资，雇用了人体工学专家，与医生们一起研究如何使用新工具、设计阻挡入侵的身份认证技术。

"即使他们没有拿到任何敏感数据，"弗兰克打断了简的思考，他说道，"我们仍在做事件后果分析，我们确定没有把错误信息传到监管者、客户或是媒体处。"

简把手搭在弗兰克的肩上送他到门口，温和地请他离开自己的办公室。这天下午，她还有其他事情要处理。

我们认为，这个场景是本书读者渴求的状态。不存在没有网络攻击的完美世界，正像纽约不可能没有盗窃现象一样。我们存在这样的世界：企业和机构通过技术进步获取最大利益，而不是始终陷入与黑客的斗争中，并且也不会破坏自己的商业模式。

本书后续部分将会讲述如何建成这样的场景，我们如何能共同推动

"数字化适应力"成为普遍推行的场景，不采取行动，是不可能达成的。基本上来说，实现这一场景有两个驱动力：组织机构的网络安全运维模型有了根本改变，以及一个良性、更广泛的网络安全环境。

网络安全运维模型的根本改变

为应对更具挑战性的威胁，大多组织机构会实施"控制功能"型的操作模型。此前，网络安全缺乏资金支持，企业对技术漏洞少有洞察力，已有保护措施仅注重边界，违反策略不会导致什么后果，并且普遍存在不安全的应用程序代码及基础设施配置漏洞。2007 ~ 2013 年，尤其当公司不断加强 IT 建设时候，网络安全成为一种控制功能。企业提高了 IT 安全团队的管理权威地位，尤其是针对与行业管理部门相关的合规性事情。它们锁定终端用户环境、实行架构审核，以减少应用程序开发风险及基础设施项目的风险。

我们采访的 CIO、CISO 及首席技术官们明确指出，即使这样的模型也越来越无法运行下去。如今，大多组织机构还使用这样的模型。该模型将大部分安全责任交给安全团队，并没有从整体上考虑全局，也没有注重保护最重要的资产。该模型让终端用户感到失望，让安全与创新之间的冲突增加。这是回顾性模型，保护的是过往的攻击，而非防范未来的入侵。该模型也依赖于人工干预，因此，在威胁加强的时候扩展性不是很好。

采访也发现，为了实现"数字化适应力"场景，企业机构将不得不改变这种模型。如果企业想让自己免受不断升级的威胁侵害，且不损害从技术创新中获取价值的能力，网络安全必须融入更广泛的业务过程和 IT 过程中。

为了实现这种网络安全运维模型，公司应在以下三个方面做出改变。

（1）改变业务流程，这包括对信息资产和业务风险排列优先级，争取一线人员的协助，将网络安全融入更广泛的管理流程中，将应急响应集成到各个业务功能中。

（2）改变信息技术，这包括在每个技术环节考虑安全，而不是仅在最外层。

（3）改变网络安全运维，这包括给最重要的信息资产提供有差别的保护，部署积极防御措施抵抗攻击者。

技术高管们告诉我们，几乎所有这些改变都将成为游戏规则改变者，对减少企业的网络攻击风险都有极大的影响。唯一的例外是改变一线人员的行为，如果这能实现，将带来巨大的变革，但是由于改变用户行为将面临多种挑战，未来是否能实现还远没有形成明确的看法。

令人担忧的现象是，大多技术高管称，他们在各个方向都还没取得任何进展。平均来说，对于目前的进展，他们给自己的打分是 C 及 C-（见图 2-5）。

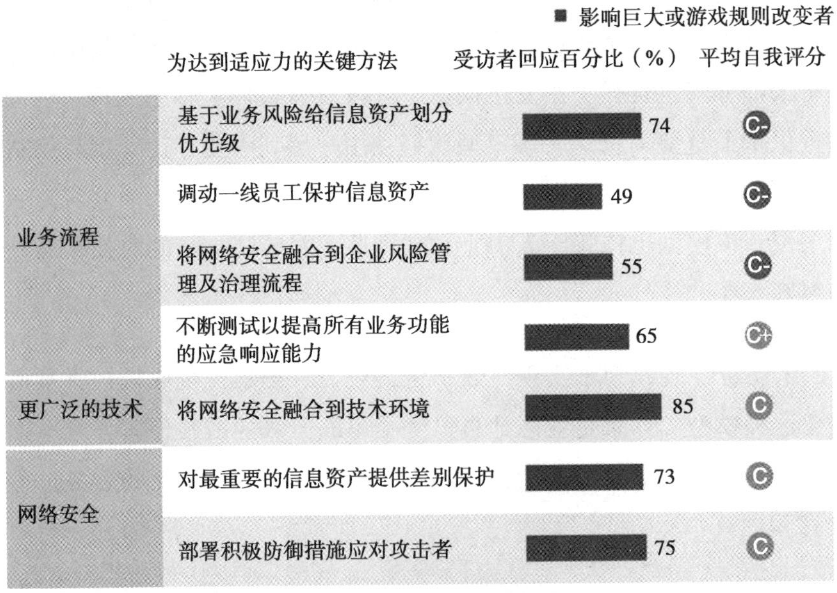

图 2-5　技术高管们意识到，他们在实现数字化适应力的方法上还有很多提升空间

严格来说，进步快的企业机构与其他机构的最大区别并不在于投入的资金多少，而是高层管理团队在网络安全方面的参与支持程度。

良性的、更广泛的网络安全环境

要实现"数字化适应力"场景，企业必须做出上述改变之外，还有很多事情是坚决不允许发生的。比如，监管者在制定法规时，要多制定如何减少业务风险的规范，少制定为了企业合规性而提出的要求。国家要尽量少提特别严格的标准要求，例如针对数据位置、当地技术采购等，这些可能会让互联网拆分为"分裂网"。国家尽量不要对网络战争提出指责或有什么豪言壮语，这可能阻碍跨国合作。

当然，国内及国际机构可以采取一些积极的措施，促进形成一个更为良性、更为广泛的网络安全环境。然而，大多数人对机构自身如何开展自我保护能够形成一致意见，而对哪种具体的手段产生最大影响等方面却意见不一致。每一个 CISO 都希望在基础网络安全研究中获得更多的政府投资。有人表达了质疑声音：公共部门是否能做出有效的投资选择。

虽然水可能会越搅越浑，不过，我们认为，谨慎地采用一些措施能有助于数字化适应力的实现。例如，主要的州安全策略相对于国家网络安全战略更加透明，在主要的经济体之间可协调网络监管，执法机构及私人企业可更多合作以促进信息共享。

行业组织可促进更多的合作研究、在机构间分享更多情报，还有可能为共同的网络安全功能创建起行业共享工具，如美国财务服务信息分享和分析中心（Financial Services Information Sharing and Analysis Center，FS-ISAC）。

实现全部价值

如今企业机构面临着似乎不可能解决的网络安全两难局面，在建立起数字化适应力后，这种局面有望得到突破。企业将能够大幅降低知识产权或敏感信息丢失风险，缓解由于技术创新造成的业务流程受损，并能从信息技术中获取全部价值。

抵抗网络攻击不再意味着创建一套不能发挥业务用途的实验，也不是延迟采用创新性技术。

在"数字化适应力"这一场景中，从移动互联网、物联网、云计算及其他技术创新中，社会可能每年获取8万亿～18万亿美元的价值。如果我们因为网络安全问题未能实现数字化适应力，每个技术创新如果延迟采用一个月，都意味着技术创新的经济价值将减少，为世界人口创造的实际利益也减少。

● ● ●

谈到发起网络攻击的威胁，这是个让人气馁的话题。有价值的在线资产、开放的互联网络及技术熟练的攻击者共同将网络安全问题提到议事日程上。但不幸的是，大多企业还没有能力让自身快速地从技术创新中获取收益，也没能有效保护自己。

未来几年，这一情况会得到好转，不过，情况或许会更糟，在最好和最差的场景之间，是3万亿美元的差距。这取决于企业是抛开传统孤立、被动的网络安全运维模型，还是建立数字化适应力所需的能力。为了使企业具有数字化适应力，网络安全生态系统中的其他参与者应支持企业实现这一目标，尤其是监管者、政策制定者及技术供应商。

注释

[1]Wack, Pierre, "Scenarios: Uncharted Waters Ahead," *Harvard Business Review,* September 1985.

[2]Shell, "Sowing the Seeds of Strategic Success," *Impact Online,* Issue 1, 2013, pp. 6–7.

[3]Schwartz, Peter, *The Art of the Long View*. New York: Doubleday, 1996, Chapter 1.

[4]Ibid.

[5]Healey, Jason, "The Five Futures of Cyber Conflict," *Atlantic Council Issue Brief*, December 14, 2011.

[6]Rid, Thomas, *Cyber War Will Not Take Place*. London: C. Hurst & Co, 2013.

[7]McKinsey Global Institute, "Disruptive Technologies: Advances that Will Transform Life, Business, and the Global Economy." McKinsey & Company, May 2013.

[8]Bruemmer, Michael, "Evaluating Consumer Sentiment and Business Responses to Data Breaches," *Security InfoWatch*, June 4, 2014. www.securityinfowatch.com/article/11503135/experians-michael-bruemmer-discusses-the-impact-data-breaches-are-having-on-consumer-sentiment-and-how-businesses-should-respond.

第 3 章

优先考虑风险及目标保护

在没有自然防御体系、军队数量少于敌人的情况下，普鲁士国王腓特烈大帝告诫将军们："眼光短浅狭隘之人试图一次能防御住一切，而理智之人会首先看到要点，阻挡住最严重的打击，而承受较小的损伤，因此或可避免更大的损失，若你想试图控制所有，那么结局就是什么也控制不住。"

对普鲁士指挥官适用的，也同样适用于忙着保护自己的公司免受网络攻击的业务和技术负责人。有如将军们必须有效地利用较少的军队来防御国家最紧迫的威胁，CISO 也必须将资源主要用于公司最关键的业务风险上。

首先，要达成数字化适应力需要公司必须成功实施两个方法。它们必须基于业务风险为诸多信息资产安排优先级，并给最重要资产提供差别保护。

目前，有太多公司无法做到这些。对于哪些信息资产是最重要的，它们缺乏洞察力，因而不能给关键资产以更严格的保护，结果就是，公司花了大价钱却并未实现有效防护。

业务部门、风险管理部门、IT 及网络安全团队都需要有共同的语言和共同的机制，来评估风险、衡量保护措施、进行权衡取舍。

在考虑哪些信息资产为优先级时，网络安全团队必须权衡严格性与实用性，确保高层业务管理者理解每个选择及相应影响。一旦他们从区分优先级进展至选择正确的保护措施，就需要更为全面地考虑潜在的控制，这是很重要的。能在这方面处理很好的公司会发现这能带来强有力的效果。它们发现了此前未曾考虑过的重要资产和风险，同时，发现例如营销数据等一些资产没有它们想象得那么至关重要。最后，它们会找到一组控制组合，既能降低风险，又能将业务影响最小化。

在这里，成功的关键自然在于业务管理者的投入程度：在识别信息资产、评估业务风险，在风险、成本与业务影响上做出正确权衡决策中，业务管理者的参与很重要。

漫无目的的安全措施只是在为攻击者服务

对企业来说，信息资产是富有商业价值的数据。该资产不是特定的应用程序、数据库或者服务器，而是这些里面所存储和使用的信息，例如客户数据、定价信息、保险方法或设备设计等。

安全控制是用来缓解风险的方法。很多控制方法包括多项网络安全技术，如：让未经授权的通信远离企业网络的防火墙；保护数据不让没有访问权限者访问的加密技术。一些控制是影响更广泛 IT 环境的政策，例如开发者应使用的用来减少代码中安全漏洞可能性的标准，还有其他一些是业务流程相关的政策，比如一段时间后哪些数据应被清除。

判断哪些资产和风险最重要、需采取什么控制是十分困难的。

公司必须保护自己不受一系列风险的侵害，而这些风险又很难评估。对于机损事故、信用卡违约或是员工赔偿请求等情况，有定量数据显示历史上发生的频率及这些事故的影响，这样，针对各种风险的相对重要性以及要用什么措施及多少资金可减缓风险，企业可以做出明智、有事实为依据的决策。

不幸的是，这一般不太适用网络攻击。对于大多数公司来说，被国外竞争对手获取了敏感 IP、机密的客户信息被公开到网上、在线客户服务多天连续中断，这些都是极为令人担忧的破坏，但是，哪一个是最重要的呢？在历史数据中鲜有有关破坏的影响及可能性，而且历史数据的格式往往不支持数据统计分析。

即便企业在共享攻击信息上没那么有所保留，但是，攻击者也在快速地发展和演进策略，这或许会使得原有的攻击经验变得没那么相关了。一些极具毁灭性的风险十分不寻常，无法用历史数据来解决。另外，一些情况下，一些事件的影响是偶然且不确定的：一个外国竞争对手可能会盗取专有生产技术信息，但他是否具备专业知识来利用那些信息呢？对此没有确切答案。

对于该保护什么、如何保护的讨论，可能最后以没有帮助的决议结束，比如"为我们尽量提供好的防护"或者"我们无法容忍任何数据丢失"。这样，决策的责任落在 CISO 身上，而他们缺乏改变企业投资重点的能力，也缺乏对公司所拥有的信息资产的了解，进而不了解这些资产对企业及攻击者的价值几何。

就连银行业也在努力争取正确操作这一过程，尽管它们面临着监管压力要实现记录管理流程。一些情况中，银行识别出了在企业风险登记中的网络攻击，但是，登记本身缺乏利益相关者买进（stakeholder buy-in），因此无法被用来推动网络安全策略或投资。很大程度上，识别银行风险变得以遵从法规为导向，即更为注重遵守流程，而不是生成可执行的见解以推动网络安全决策。

这些挑战导致的结果就是，很多 CISO 转而依靠以下三个中的某个方法：给所有资产以同等保护、注重高级管理团队议论最多的任何资产，或是基于权宜之计来决定保护措施。

给所有信息资产以均等的保护，这还要追溯到边界保护的时代。一位 CIO 告诉我们，他们公司的环境是"外硬内软"，多年来，该公司在防火墙、入侵侦测系统及其他控制措施上大量投入，旨在将攻击者挡在公司网络之外，但是在保护企业数据中心内部的个人系统上所费精力要少许多，以求将复杂性最小化。在 10 年前，这个策略或许是有作用的，但现在已难以维持，如今攻击者越发目标明确，并且移动技术兴起，加上数字化的普遍实现，这些都创造了更多可进入企业网络的途径。即使边界没有如一些人所称的那样废弃了[1]，它也不再是保护企业的唯一防线了。

不管怎样，给所有资产均等保护都是代价昂贵且不必要的。一家重工业公司多年时间都在辩论是否将所有工厂车间与企业网络断开或"气隙"（air gap）。网络安全团队认为，鉴于每个工厂内有生产控制系统，气隙应是最好的做法。IT 基建团队反驳道，断开工厂与企业网络的连接产生的复杂性会产生数亿美元的额外支出。资深管理层努力在意见相左、晦涩难懂的争论中做出裁决，最后，公司开始梳理不同工厂的不同风险，它们发现，理论上讲，针对生产控制系统的网络攻击仅会在公司一小部分的工厂产生灾难性后果，而在其余地方，线路中断是所能发生的最坏事情。基于这样的分析，该公司将约一成的工厂从企业网络断开，大幅降低了花费，同时没有危害公司的运作。

控制措施并非总不足够，有时也可能面临控制过多的情况。一家航空公司针对销售和营销资料和机密工程文档一样，采取文件控制策略及技术限制。结果，仅仅是与外部各方分享营销文案都需要多重批准，在其协作平台上执行了文件级别访问规则，这一过程需要数周，导致错失了机会——本来旨在为外部推销而设计的资料无法得到分享，比如外部推销包括贸易展览、销售会议或新闻发布会等。人们常常讨论的一个案例是，参加会议时，营销团队的人员经常是空着手来的。当资料按照面向公众消费计划得到合理分类、访问控制限制取消，营销团队即可更为及时地响应请求。

一些公司没有试图给所有资产以平等保护，它们没有根据严格分析，而只是不完全分析，有时是基于资深管理层的感情投入，而注重一部分资产和风险。这往往会导致重大风险得不到解决。举例来说，一家银行遭遇了由分布式拒绝服务攻击引起的主要经营业务中断，这样，大部分额外的网络安全投资会用来防御相同性质的攻击。然而，这样会导致这家银行在防范其他类型的风险（例如欺诈及内部威胁）上投资不足。当客户数据异常重要时，这个问题尤为严峻，意思是说，企业机构都非常注重保护客户信息，致使它们忽略了其他重要数据，比如企业战略信息或者业务流程数据等。

企业最后一个常见的做法是尝试注重对最重要信息资产的控制，但它们并没有用系统的方式进行，而且企业其他职能部门的投入有限且无效，这样也是存在安全隐患的。若一家保险公司将网络安全投资几乎完全交由 CISO 来裁量，结果就是，所实施的安全控制措施，既不会关系到业务部门认为的需要保护的最重要资产，也不会关系到业务部门对用户体验控制影响的耐受性问题。安全团队感觉与公司其他职能部门有些隔离，每当它们要求更多资金来满足某一特定需要时，企业领导无法判断这部分额外花费是否合理。

制定信息资产及风险优先级，并让业务领导参与其中

只有少数公司破译了这样的密码：业务、风险、IT 及网络安全要综合在一起，利用共同的参照系，识别并找到该优先级的风险。

企业机构中，能正确对待网络安全的业务管理员，懂得网络攻击的风险价值以及精选、高强度的网络安全计划的价值。他们知道哪些信息

资产是最重要的，这些资产遭破坏的风险应推动保护措施的实施及资金投入。在这样的企业机构里，网络安全管理人员会与业务管理人员进行有意义、富有成果的讨论，他们会讨论多种风险减缓措施，以及接受相应风险而不用投资来减缓风险的影响。网络安全领导人可帮助业务管理者进行艰难的权衡，有权与 IT、业务部门一起监督计划实施，在有障碍或出现拖延时做出有益的调整。此时，就安全支出对企业安全的贡献来讲，CIO 会乐意认为它是合理的并为其辩护，称为 IT 计划整体投资组合的一部分。

就信息资产成功区分优先级的项目具备三个方面特点：从业务角度定义资产和风险、高层业务领导参与、深入研究长尾风险（long-tail risk）。

从业务角度定义资产和风险

鉴于网络安全作为一个技术学科的历史，对于 CISO 及其团队来说，从技术角度考虑风险是件容易事。然而，为了确保揭露所有风险并且让业务领导有效地参与，网络安全团队需要围绕业务理念来区分优先级，而不是围绕技术。

注重信息资产而非数据元素

被问到有关优先信息资产的问题时，很多 CISO 会说他们实施数据分类项目。这意思是说，他们的一个团队会查看每个数据库的所有字段，并分类为"受限""机密""内部"及"公开"几类，通常，这要花两三年时间。理论上讲，这类方法很好，但实际上，这经常不包括数据库之外重要的非结构化数据，而且攻击者也不可能礼貌地等待公司用几年时间完成分类项目之后再发动攻击。为了处理所有数据、获得可以依据的见解，网络安全团队要从高抽象层次入手，查看信息资产而非数据库中的字段或者表格。

信息资产是信息的相干体，拥有可识别可管理的业务价值，这要由业务需求和目标界定，而不是由信息是在哪里、如何储存的详情来界定。如前所述，信息资产不是一个系统、数据库或应用程序，它可能是消费者汽车企业的客户信息、即将面世的移动产品的业务计划或者是涂料应用的生产规范，信息资产会因企业的不同而不同，而且不同类型资产的重要性也不同。

有关信息资产的粒度（granularity）的正确水平没有硬性规定，例如，在一个业务部门里，10 种不同产品的制造说明书该被视为 1 种还是 10 种信息资产？即便如此，回答类似这样的问题有两种启发法：重要性和区别。哪个产品影响大？产品间是否有足够的业务方面差异，致使他们的制造说明会有不同级别的敏感度？

一般来说，根据企业的规模及复杂度，一家企业会有 25 ～ 80 种信息资产，表 3-1 显示出一家保险公司的典型的资产列表。

表 3-1　信息资产包含在所有职能部门（以保险公司为例）

功　　能	资　　产
财务	会计数据 证券 支付数据 税务记录
投资管理	战略性资产配置 战术性资产配置
人力资源（HR）	员工数据记录 申请者数据记录
审计	审计报告
法务	合规数据 具体诉讼数据 法律授权数据
首席执行官功能	董事会 / 管理层文件（决议、业务计划、策略）
市场管理	客户细分 客户价值 营销策划

（续）

功　能	资　产
产品、保险精算、再保险	产品和风险模型（包括历史数据） 产品发展策略（产品路线图） 客户姓名/地址数据
销售/配送	客户财务数据（包括信用卡数据） 私人客户个人数据 企业客户内部数据
策略管理/承保	合同信息及风险评估 合同附件（比如电站规划）
索赔管理	索赔 专家报告（法律、医疗）
IT	系统访问日志 身份/访问/授权数据 IT构架蓝图及源代码
运营支持	设备访问日志 供应商/供应商成本

评估商业风险，而非技术风险

当我们询问一位 CISO 他眼下担心的风险是什么时，他可能会说："我们一成的服务器在一个行将失去支持的操作系统上运行，我们的网络几乎完全是扁平的，因此，在攻击者进入时，我不能让他们慢下来。另外，我说过开发人员的代码有故障、不安全了吗？"这些都是非常重要的隐患，几乎肯定这些都需要解决，但是解决的顺序是怎样的呢？带有有故障的、不安全的代码的所有应用里，该先处理哪个呢？若不先弄清楚这些问题是无法找到答案的：应用中含有什么信息资产、攻击者的情况、企业会受到怎样的伤害。

商业风险的构成包括以下因素：

- 有价值的信息资产（比如个人健康信息、新产品制造过程）
- 攻击者（比如有组织网络犯罪、国家支持的参与者）
- 业务影响（比如监管或法律风险、工业间谍活动）

因此，对于医疗服务提供商来说，商业风险可能是，网络犯罪盗取患者病历导致的监管及法律风险，对于技术供应商来说，商业风险可能是，遭遇有国家支持的攻击者偷盗产品制造过程，并且攻击者将信息卖给竞争对手后，企业失去了竞争优势。

企业会发现，比起按照技术风险或技术漏洞来说，按照商业风险来思考影响及可能性要更容易。或许更为重要的是，高级管理者认为按照商业风险来思考是解决网络安全问题的一种具体有形的方式。

高级业务领导参与

区分商业风险及信息资产的优先级意味着回答一些策略性问题：如果一家公司允许攻击者盗取客户个人数据，客户们会是什么反应？一家国外竞争对手会从访问产品基础 IP 中获益多少（这会对产品的发展和利润预期有何影响）？对于公开的网络破坏行为，监管者会作何反应？解决类似这样的问题需要网络安全团队及高级业务管理者之间以事实为依据，进行详细的讨论，并且，双方要以平等姿态协商。

从一个假设开始

当 CISO 询问高级业务领导，哪些网络安全风险让他们担忧，CISO 很少能得到经过深度、全面思考、基于基础业务驱动因素的答案。更多时候，他们得到的回答大概如"我没认真考虑过这点"或者"我认为，客户信息是最重要的"。这样的回答恰恰强调了网络安全团队不能仅听取、记录下业务管理层的观点的原因，他们还要形成自己的假设、让业务管理层像同事一样参与进来。

利用价值链和风险分类

企业价值链能识别出重要过程中的每个步骤，举例来说，在保险业里，重要过程会是创意（origination）、承保、服务项目、理赔。每一步骤中，商业风险的分类显示出重要问题：

- 如果与价值链中这一步相关联的数据被公开披露出来的话，是否会导致声誉损失？
- 这一步骤中使用的哪个 IP 可能对竞争对手有价值？
- 这一步骤中有什么敏感的商务信息可能被揭露？
- 发生网络欺诈的概率有多少？
- 造成业务中断或数据损害的潜力如何？
- 可能会发生什么样的监管措施？

回答这些问题有助于网络安全团队首先了解到该与业务部门领导提及什么样的商业风险及信息资产，也有助于确保过程中的重要问题不被遗漏。图 3-1 清晰地显示出风险优先级。

基础业务驱动因素的综合讨论

就哪些信息资产面临的风险最重要这一问题，必须基于基础业务驱动因素来考虑，如规模、份额、增长及竞争地位。

举例来说，一家制造公司只有查看产品的总收入、利润与增长之后，才能区分不同产品的 IP 会遭遇破坏的风险有几何。首先，业务管理者建议从产品生命周期来考量，一些可能最有价值的 IP 来自还未在市场流行开来的新产品，这把讨论引向哪个产品价值定位最依赖于 IP，最终，网路安全团队才可形成从未来几年的收入增长及利润角度来看哪个 IP 对公司最有价值的相关判断。

持类似这样的商业观点也有助于金融机构弄清定价信息的价值。其公司很多业务领导称，定价信息及数据库是高度专有的，并且他们担心员工会在去给竞争对手效力前复制走信息。然而，一些金融产品的市场流动性很强，市场价格也高度透明，其他产品市场的流动性较低，价格也高低不同。市场流动性越低，价格数据作为信息资产的价值越高，也就享有越高的优先权。

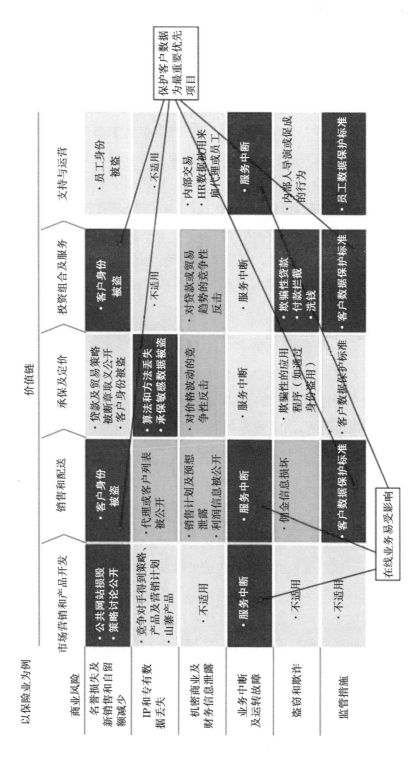

图 3-1　整个价值链中各类型风险的等级，有助于业务部门领导的参与

记住，敌人会投票

任何有关商业风险的讨论必包括的观点有，是否会出现有可能成功对企业实施攻击的攻击者，他有能力和动力去危害和利用企业的信息资产。如果一家公司通过投资数亿美元开发而拥有了极具价值的IP，那么，这明显是一个有价值的信息资产，但这未必意味着会有与这相关的巨大商业风险。网络安全团队需要和业务部门管理者进行讨论以确定，传统竞争对手的高管们是否会为了让自家公司的市场份额增加几个百分点，而愿意委托网络攻击来盗取这项IP、冒着被公开披露和被起诉的风险。如果国外的竞争对手不太可能受到起诉的话，他们就会更具侵略性，对此，网络安全团队及业务管理者就要考虑，国外竞争对手是否能在合理的时间内拥有利用这项高价值IP的专业知识？

制定务实、透明的决策标准

目前，就不同类型的网络攻击带来的预期经济影响，尚无人开发出可用、稳健且普遍适用的模型。然而，这并不意味着，企业就应完全凭借主观因素来做出网络安全投资及政策决定。

利用计分卡的方法能提供良好的可行性和严密性，对于任何给定的商业风险，其影响都可用企业名誉、竞争地位、经济损失、监管影响这几方面来打分。例如，少于1亿美元的经济影响可被认为是低等影响；1亿美元到10亿美元是中等影响，10亿美元以上是极为高等的影响。从名誉角度来讲，只在商业性出版物被公开披露的名誉损害是较低影响，在全国性或地区性报纸上登在头条新闻的是较高影响。监管方面来看，产生较低影响的是导致监管调查但没有调查发现的，中等影响是有调查发现，不过有明确的修复方法，而高等影响会导致企业与监管机构之间关系受到极大负面影响。

除了影响，根据以下几方面，网络安全团队可给一个攻击的可能性打分（低、中、高）：

- 用户暴露：可访问系统的用户数量及类型（如仅内部用户、供应商、客户、半公开的、公开的）。
- 系统暴露：存有信息资产或有信息资产通过的系统数量及类型。
- 隐患：质量及现有的控制程度。
- 攻击者：对潜在攻击者来说的价值及可能出现的攻击者的能力。

利用这些标准，企业可根据预期的影响进行危险度分级（见图 3-2）。如果这一点完成得很好将产生变革性影响。针对最重要商业风险有广泛一致性可有助于塑造每一个网络安全决策——从如何构建组织结构到在哪里部署资源、投资于什么技术。更为直接的是，这会促成企业实施更为严密的控制措施，以保护最重要的信息资产，普遍认为，这些资产可能导致的商业风险是至关重要的。

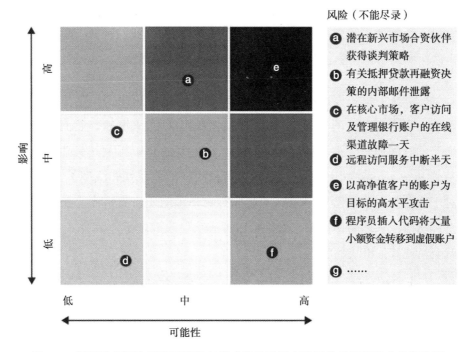

图 3-2　用图形来测绘风险可能性与影响的关系图有助于推动网络安全投资决策

深入研究长尾风险

将商业风险按照影响和可能性来分层非常有益处,可以让公司企业制定政策与和控制相关的实用决策。然而,一些商业风险非常严重,需要特别考虑,部分原因在于,对于这部分风险没有历史数据或经验可以借鉴以评估影响。

在这些情况下,完整事件场景分析可有助于企业理解防止或缓解这样的攻击所需的投资。例如,有时甚至需要监管机构来决定银行必要的资金储备水平。

事件场景分析是识别、理解、评估一家公司遭受和响应特别重大事件能力的过程,鉴于企业机构的活动属性而有可能发生的重大攻击事件。这些事件一般来说发生频率或可能性较低,但严重程度高。

首先,企业必须明确其正在调查的高水平攻击事件,对于一家银行来说,这事件可能是,或与不友好的国外政府有关联的政治性黑客组织,试图中断和破坏贸易操作,以给整体经济造成经济损失。

接下来,银行要明确影响类型。自营交易平台退出市场的简单直接影响,可用每分钟的美元量乘以系统崩溃的分钟数来测算,然而,银行崩溃的时间越长,市场就越会意识到情况并开始与银行及其头寸反向交易(trade against)。因此,时间与直接损失间的关系就非线型了。那么,对于企业客户交易会产生潜在的法律影响,可能还需支付商誉赔偿以及直接赔偿以管理名誉影响。如果攻击者成功更改谁做了什么交易的数据,就会出现其他形式的曝光。

接下来,银行必须针对这些影响进行数字量化。它们需要决定,随着时间的增长而产生的损失的程度,多少交易头寸转移,客户还有什么其他渠道可以接触到资产,破坏情况会被公开披露多久,预计的罚款级别(罚款会有极大差别,不过受影响的客户数、每个客户受到的影响会决定罚款数额）。得出的结果是就这种风险场景中预估的潜在影响达成一致的美元数。

最后的阶段是，发起创建特定商务、技术和安全建议的进程，旨在减少潜在的经济损失。

给最重要的资产提供差别保护

能了解哪些商业风险是最紧迫的、哪些信息资产是最重要的十分关键，但是这只能产生概念上的好处，真正的保护能力来自超越放之四海而皆准的网络安全模型，并系统地应用更为严格的控制组合，来保护公司最重要的资产。这对于大多数网络安全机构部门来说，代表着功能的显著改变，对一些资产引入多因素身份验证或静态加密，且不增加复杂性。甚至，即便已经应用某些更为严格的控制的一些机构也很少能做到系统性，并与公司最重要商业风险一致。处理好这一点需要跨业务部门、IT 及网络安全部门的更高水平的相互协调。

有效的差别保护具备四个要素：在基础安全措施基础上分层更严格的控制、将优先级资产映射到系统、实施全面控制并对它们分层、评估不同控制措施如何共同协作以将对用户的影响最小化。

在基线安全级别之上有选择地增强控制层

为企业最重要的信息资产提供有差别保护，补充而非替代对整个环境有效的基线保护。防火墙、网络过滤工具、入侵检测系统必须阻挡住不恰当的通信、保护所有信息资产；身份及访问管理（I&AM）功能必须防止未授权用户访问企业网络；安全运营中心必须监测可能预示着攻击来袭的异常现象。所有这些功能必须在企业考虑差别保护之前就位。

虽然网络安全的很多方面都高度依靠单个公司业务、信息资产、技术策略的结合，但基线级别保护更为标准化，因此，同行为基准测试基础控制能让企业大致了解自己是否实施了正确级别的保护。

例如，当一家制药公司将其基础级别安全措施与同行作比较时，它能发现令人不安的差距。数十个网站缺乏适当的防火墙保护；数百应用程序运行在过时、不安全的硬件上。还有，很多业务甚至缺乏最基本的密码方法。作为差别保护就位的基础，企业必须逐个站点、逐个业务地努力弥合基本保护中的差距。

将信息资产映射到技术系统

无论多么有创新力的 CISO 也无法直接针对信息资产采用技术控制。对应用程序和数据库等系统采用差别控制措施，包括更为严格的密码要求及加密等。

这样，网络安全团队必须与应用程序开发团队及其他 IT 利益相关者合作，来识别所有与优先级信息资产有关的系统，这过程无须太过复杂。一家银行中的 IT 团队（尤其是基础设施负责人、首席构架师、首席数据官、主要应用程序所有者），可填充一个简单的矩阵，使得银行的系统和应用程序在一个坐标轴中，资产在另一个坐标轴中。这种低技术含量的解决方案，比求助于银行的官方资产清单既更快又更有效，而后者已然过时。企业 CIO 意识到，百分之百的准确性可能仍难掌握，95% 的准确性足够达到目的，并保持整个项目的良好发展势头，而不是试图将升级清单作为项目的一部分。

如果每个信息资产都与单一的应用程序或系统有关系，那么 IT 会更加简单。实际上，大多数公司会发现，一些资产广泛分布在整个 IT 系统中，一些由内部管理，一些为供应商所有。尤其是，客户数据往往存储在几个系统中，包括中央客户数据库、客户关系管理系统、计费系统、故障报表系统及几个数据仓库中。而且，它们还以较小的集合被管理在一些辅助系统及用户设备内，这些很难映射，甚至更难跟踪。

结果，网络安全团队需要专注于拥有最重要最集中的信息资产的系统。一家银行发现，其 20% 的应用程序中拥有超过 80% 的高优先级信息资产。于是，该银行决定注重对这 20% 的应用程序实施差别保护。

使用全面控制进行分层

精明的技术主管都可能本能地认为，差别保护意味着更严格的密码控制、更广泛使用加密处理，自然是这样，但是，还有更多选择。网络安全团队应考虑各种各样的选择（见表 3-2），这将帮助他们防御优先级信息资产，免遭更广泛的复杂攻击。

表 3-2　差别控制分布在业务流程、IT 及网络安全多方面

控 制 类 型	领　　域	差别控制示例
业务流程	访问管理	更为严格的认证与授权要求 更为频繁的访问权限检验
	数据管理	加速清理
	供应商管理	更全面地评估供应商 合同中设置更为严格的要求 限制可与供应商共享的数据 提高审计供应商合规性的频率
	人员管理	通过核心过程的安全路径 有针对性地监视内部人士 有针对性地培训
	人力资源	加强背景调查及监控
更广泛的 IT	文件管理	强制使用文档管理系统 对于含有优先级信息资产的文件使用数字版权管理（DRM）
	应用程序安全性	对应用程序开发项目进行更深入的安全审查 提高漏洞扫描及渗透测试的频率
	客户端安全性	更多使用桌面虚拟化
	系统安全性	提高安全补丁的频率
	网络安全性	使用更高安全性网络段

（续）

控 制 类 型	领　域	差 别 控 制 示 例
网络安全	身份管理	多因素身份认证 更严格的密码政策
	数据保护	动态加密 静态加密
	数据遗失保护 （DLP）	针对优先级信息资产的 DLP 规则及文件标签
	边界安全	更严格的防火墙规则
	应急响应	加速升级
	终端安全	从黑名单过渡到白名单模式

在一家机构里，资深 IT 领导层团队自豪地指出，他们实施了"量身定做"的控制策略，在与应用程序相关的数据敏感性基础上，他们已经算出适当的控制组合。在敦促之下，该团队承认，大部分时候，单个应用程序所有者决定"量身定做"意味着什么，而且这种方法给整体环境带来了相当的复杂性，这也意味着，开发人员及系统管理员必须在升级应用程序之前对应用做大量调查，以确保不会打破安全模型中的任何东西。

假设公司不在所有地方都使用同样类型的控制，当它们查看在跨应用程序中部署的控制时，公司经常发现相当程度的随机性。一家工业公司发现，其应用程序中严格控制措施与数据的敏感性之间几乎没有相关性。

大多控制可在不同程度上得到实施，安全级别或更严格或更放松。举例来说，最基本的认证控制就是简单的用户名和密码，下一级别是，多因素身份认证引入"你所知道的"（密码）及"你所拥有的"（如凭证）这一概念。最复杂的级别里，他们使用"带外身份认证"，其中，密码可能仅在一次对话中有效，用户需使用额外完全独立的渠道进行认证，比如发送文字信息（见图 3-3）。控制越严格，对用户体验及设置和操作成本与维护的影响就越大。网络安全团队能帮助企业领导理解简单构架中顺次排列的控制措施，每种类型的控制列出三四个级别的严密性。

	级别1（严格）	级别2（较严格）	级别3（最严格）
认证	·单一因素身份认证 –用户名和密码 –认证问题	·多因素身份认证（"你所知道的"和"你所拥有的"）	·带外身份认证（如文字信息） ·一次会话密码
身份管理	·基于角色权限对用户访问与管理进行设置	·访问日志 ·数据上设置了对象级别访问政策	·连接至HR系统的自动取消供应
终端用户保护	·无DLP或DRM	·实施DLP，并基于标准程序库执行	·DRM文件/数据标签及DLP自定义标签和签名
数据保护	·数据无加密	·对终端及动态数据加密（既在网络内部又在外部系统）	·数据总得到加密

图 3-3　同样的控制可被重新调整为最佳保护

评估不同控制组合

公司 CISO 及其团队应创建可互相强化的控制组合，控制组合也让网络安全团队分析每个或每类应用程序的总体安全性及对便利性的影响。不同的控制组合能提供同样级别的终端保护，但是对用户体验、成本及保养的影响可能大相径庭。

更严格的控制肯定能降低风险，但是也需权衡取舍。比如，严格的 I&AM 控制能限制内部人士（包括承包商）访问优先级资产，却也消耗管理者和用户的大量时间；DLP 工具能提高偷取有价值数据的难度，但是每多一层保护都让日常登录多一些阻力。

更为全面的日志记录和详尽的网络检查能更容易察觉网络破坏的迹象，但是实时监控会消耗系统资源、让应用程序变慢。虽然在招聘前进行更为全面的背景调查可大幅减少内部人士带来的风险，但这样会增加成本、放缓招聘程序。这样，势在必行的是，要有适当的控制，能在需要的地方提供保护，而不对用户体验产生较大破坏。

一家制造企业需要提高对带有有价值 IP 的应用程序的保护，于是安全团队与业务领导们、应用程序所有者举行了一系列研讨会，讨论他们认为哪些类型控制对相关资产保护是理想的、如何在不同层级合作。经过讨论，他们达成共识，鉴于企业面临的攻击者的水平之高、攻击之复杂，简单安装更好的防火墙可能已不足够。

相反，该公司查看一系列可相互协作的控制，帮助公司理解、防止某些类型的损失，同时给员工造成相对最小的影响。他们增加对多因素身份认证的使用，提高日志保持和分析级别，并引进新的数字丢失保护软件。员工已经有了门禁卡，使用这些作为数字身份验证方法意味着无须分配和管理一套新的安全设备。由于大部分访客在现场（on-site）不止一次，因此登记他们的计算机的努力终会得到好的结果。该公司团队甚至解决补丁制度（修复已知漏洞的过程），这本质上是任意性的，但现在已是受到企业欢迎的基于风险的方法。尽早评估这些取舍、平衡，特别注重终端用户体验，可让用户更容易接受新的保护模式。

在实践中为优先级信息资产提供有针对性的保护

将优先级信息资产与商业风险匹配，利用它们实施一套差别保护措施，这从概念上听上去很简单，但是需要实实在在的努力和制定相关规则。

想象一下，一家中等规模的汽车零部件供应商在面对一次小的网络破坏时，他们意识到必须更加理解网络安全，让保护措施针对这些而实施。基于我们所描述过的工具和手段，该公司可实践由三个阶段组成的过程：准备工作与数据收集、评估风险和资产、确定并实施差别保护。

第一阶段：准备工作与数据收集

企业 CIO 及 CISO 要利用准备阶段让企业具备所有成功的先决条件。CIO 要确保在此期间有公司高层领导的支持，与每个负责主要业务部门的管理者一起坐下来讨论，促进功能起作用、解释自己的努力、获取需要面谈者的信息、询问每个领域的联络点。

在较大型公司里，CIO 和 CISO 可能会从一两个试点业务入手，这样他们可以展示进度，改进方法，然后再接着处理下一个业务。不过，这种情况下，CIO 和 CISO 都认为，企业的适度规模及简单的业务模型让他们尝试一次便可覆盖整个公司。

CIO 也会自己召集工作组，与 CISO、每个业务产品线及职能部门的代表一起，确保数据访问、检查进度、审查分析、提供建议。同时，CISO 会与每个业务部门的 CIO 及其团队合作，汇集所有所需数据，尤其是每个业务中的应用程序目录以及支持过程中的任何可用信息、风险分类及技术配置。

第二阶段：评估风险和资产

CISO 及其团队会利用这一阶段来获取和优先考虑一整套信息资产及商业风险。

第一步：在价值链中识别资产

该团队的首个任务是找到关键的信息资产。他们要沿着价值链（产品开发、市场营销、销售、售后服务）查看相关业务过程，在每一步中对重要信息资产开发一套假设，这时，CISO 要和每个业务领域的高层管理者一起坐下来讨论，而不是仅询问是什么使他们夜不能寐，CISO 要检验其团队的假设，利用它们更好地理解哪些信息资产可能最重要。

举例来说，销售负责人会这样解释，其公司从汽车制造商客户处得到较为敏感的预测和技术参数，作为投标以支持正在研发的新车子系统的一部分。如果制造商认为这样的信息可能被破坏，那么从商业角度来讲，对供应商的影响会是毁灭性的。相比之下，已经投产的模型的销售预测会少些敏感度，因为竞争对手可能已经从现有公开可用的推测中做了预测。

第二步：分析风险、优先级资产

此时，企业应该有了信息资产的详细清单，但还不了解风险。基于他们与业务部门领导的讨论，CISO 及其团队应考虑，每个信息资产若遭到破坏，对机密性、完整性及可用性的影响几何。他们要依据竞争性不利因素、客户影响、声誉影响、欺诈损失、监管风险和法律风险角度，给每个破坏和资产组合打分，这其中要考虑如潜在产品经济及竞争压力等问题（例如，支撑边际产品的 IP 若丢失，产生的影响会较低）。

现在，他们会站在攻击者的角度尝试理解谁会在破坏重要信息资产中获益，获益者是否有动机和能力来对获取到的任何信息采取后续行动。传统上讲，知道一家公司的制造过程会让竞争对手获益，不过现在，管理者不太愿意冒着毁掉自己的职业、丧失自由的风险，来利用这样的信息。一个新的市场参与者可能较少担心法律后果，但可能缺乏利用尖端制造技术的专业知识。CISO 及其团队也知道，不是所有攻击者都来自外部，并且内部人士通常在离开原公司到竞争对手公司工作前会带走敏感的产品和定价信息，这些也是要考虑的问题。该团队需要转换视角，要以更高水平的视角来看目前水平的风险。对于每项资产来说，他们也要审视有多少人访问它、是否已成为更严格控制的对象。

基于此分析及一套结构化的标准，现在，该团队已确定了信息资产的优先级列表。这些资产可能被分为几个类别，比如顶尖业务、受限数据、基线数据、公共数据，也可依据业务影响和可能性合成一份商业风险优先级列表，在与业务领导沟通的时候，这些发现将是宝贵资源。CISO 及其团队会举行一次或多次研讨会，与业务领导一道检验这些发现，如有不妥处便变更风险与信息资产的优先级顺序。

第三阶段：确定并实施差别保护

第一步：评估目前级别的保护措施

CISO 及其团队不能直接对信息资产实施保护措施，他们需要决定哪些系统上带有优先级资产、目前已经实施的保护措施有哪些。

首先，对于每个主要控制类型确定三四个严密性级别，主要控制包括 I&AM、数据保护、DLP 及 DRM、应用安全、基础设施安全、网络安全、供应商管理等。然后，该团队可以发起对应用程序研发管理者的调查，请他们将优先级信息资产映射到系统上，给每个系统按照所应用的控制类型严密性进行打分。

这有助于 CISO 解决一些重要问题，诸如：

- 每种控制的严密性如何（比如，大多应用程序使用单因素还是双因素身份认证？）
- 最重要的信息资产是否受到了更严密的控制？
- 是什么推动了对控制措施的选择——是否有这样的情况：不管系统上是否有最敏感的信息资产都使用更为严密的控制？

第二步：确定未来的保护措施级别

哪怕只有六个控制领域，分为四个严密性级别，也有超过 4 000 种不同的控制组合。因此 CISO 及其团队需要创建控制包。

首先，如果想要简单一些，可为顶尖业务（公司最为重要的信息资产）确定一个控制包，受限信息、基线数据、公共或次要数据各一个控制包。然而，对于每组结构化的数据（如数据库中找到的客户订购历史及其他信息）以及非结构化数据（如存储在文档中的建议等数据），实施的控制包可能要根据不同情况而存在差异。CISO 会尽可能地利用现有的技术和能力来确定控制包，不过，也要根据所需而利用一些新的技能（如带外身份认证）。在这些情况下，都需要该团队评估每个控制包的效力，确保在降低风险的情况下，任何额外的用户体验影响都是合乎情理的，然后，利用焦点小组、演示等方法来进行验证。

最后，CISO 及其团队要利用信息资产分类及将信息资产映射到系统，来确定哪些控制包该应用到哪个系统上。

第三步：过渡到实施

首先，CISO 一旦确定了保护措施的理想水平，其团队需评估他们及其他人该如何实施来让这些控制到位。某些情况下，改变是简单的政策或过程改变——处理某种类型的信息资产的供应商将需要更全面的评估，带有每种类型的信息资产的应用程序的密码将更频繁地改变。

而很多时候，企业已经有了底层安全能力，但是，该公司的系统需要作调整以运用这些能力。比如，企业可能有支持多因素身份认证的工具，但是很多系统都需要升级才能使用企业的最新 I&AM 平台。

有时，可能需要 CISO 启动或加速采用新技术或功能。例如，企业可能需要实施 DRM 以控制谁能访问带有诸如产品路线图、制造说明等信息的文件，这样，该团队要将所有执行实施活动添加到未来几年以及很多合作部门的工作计划中去。

最后，CISO 及其团队要确保区分信息资产优先级及实施差别控制有文档化的方法，以便可以轻松重复过程，反映出变化中的商业条件、演化中的攻击者环境、防御机制中的新创新。

●●●

所有公司，不论其规模大小、技术水平高低，都拥有很多不同类型的信息资产，面临着诸多扑朔迷离的商业风险。没有哪家公司可以很有效地对资产进行全盘保护，尤其是在花费不高、对业务影响可接受的情况下更是如此。

于是，企业需要优先考虑一些事情。它们需要理解最重要的信息资产及面对的最严峻的商业风险，洞悉这些以后，实施更为严密的商业流程、更广泛的 IT 及网络安全控制，保护至关重要的信息资产。

这并非一次便可完成的事情。随着商业模型的改变，也造就了新类型的信息资产。随着攻击者水平提高，也造就了新的风险，提高了旧有的风险，同时，现代化的网络安全也在进化，给企业实施差别控制提供了更多选择。

这样，企业要实施可复验、结构化的过程，这样的过程允许网络安全团队与业务领导一道努力发现重要的信息资产，给商业风险区分优先级、匹配以差别保护。而且，这些过程应是年度网络安全预算和计划的重要投入。

高层业务领导的参与和批准将是必不可少的。CEO 必须设置对风险承受度的总体期望，同时，业务部门高管必须参与识别信息资产、评估商业风险并确认风险、成本及差别保护选择的商业影响之间的取舍与平衡。

注释

1 EnergySec, "Network Perimeter Defense: 'The Perimeter is Dead' Should Be Laid to Rest," September 2014.

第 4 章

以数字化适应力方式经营生意

大多组织机构都认为网络安全是技术方面的责任，至少从某种程度上说是这样的。网络安全解决数字化形式信息面临的风险，公司能用来保护自己的信息资产的很多方式确实是技术性的，形式要么为安全控制，要么是改进广泛的 IT 环境。

然而，要实现数字化适应力需要的不仅仅是技术方面的改变。如第 3 章所述，业务流程的改变在保护重要信息资产中有着巨大的影响。两个方法尤其为推动 IT 部门之外的改变指明了道路：将网络安全整合至整个企业范围的风险管理及治理过程，让一线员工参与保护他们所使用的信息资产。

由于每个业务职能部门的领导会做出无数个影响公司受到网络攻击的决策，因此，第一个方法要求几乎每一个业务职能部门的领导在他们做决策的时候都考虑保护信息资产。

即便不是全部，也会有大部分决策涉及权衡接受某些形式的业务风险并促进业务目标。公司不能用规定和命令来强迫高管们考虑网络安全因素，而是既要帮助他们理解所采取的措施会面临的风险影响，又要让他们接受作为公司信息资产管理员的责任，如同对待公司的金融资产一样对待信息资产。

第二个方法促进上至高管下到一线员工的心态、思维方式转变。每天、每个访问电脑、笔记本或移动设备的员工，都有可能因为点击了错误的网页或将邮件发给错误的地址而给公司带来风险。公司需要帮助一线员工理解自己每天都接触的信息资产所具有的价值，实施一系列机制来鼓励、促进他们负责任地与公司技术环境相互作用。

要想以数字化适应力的方式经营企业，诸多职能部门的高管将需要提供持续的支持，促成管理者与一线员工广泛的行为变化。

在所有业务过程中构建数字化适应力

网络安全是与企业机构内几乎所有主要的业务过程交织在一起的。如在我们指定优先级信息资产时候所见，几乎所有业务过程的每一步骤都使用敏感数据，每一个网络安全政策都对职能部门如何从事核心业务的过程产生一些约束，如市场营销、业务操作、产品开发等。

不幸的是，一方面，网络安全团队与很多业务部门之间的协作紧密程度比应有的要低。业务部门管理者将网络安全视为 CISO 或 CIO 的责任，另一方面，网络安全管理者因其专业技术能力而受到提拔和晋升，而不是因为他们有与企业领导们合作的能力。结果，业务部门做出的涉及产品设计、客户互动、与供应商的合同等的决定会将重要的信息资产置于不必要的风险下，同时，网络安全政策会影响客户体验，或损害公司与供应商的谈判立场。

为实现数字化适应力，公司必须创造一个环境，让网络安全团队与每个重要业务职能部门(产品开发、市场营销与销售、供应链、公司事务部、HR、风险管理)之间交流与合作得更加紧密，这样，促使管理者在做决定的时候，权衡好保护信息资产与高效且有效地运作关键业务过程。

产品开发与管理

　　银行的客户与医院的患者都期望个人数据免遭偷盗，这是合理的期待。他们也希望能在线访问自己的信息，方便且不烦琐。医院方面希望，在不产生新的安全漏洞或迫使医护人员学习复杂协议的情况下，能将医疗设备连接整合进手术室。然而，这些矛盾将一如既往地加深——越来越多的公司创建与客户之间日益丰富的数字化连接，物联网让网络连接的产品变得更为广泛。

　　于是，不足为奇的是，网络安全问题在产品的价值主张中日益重要。在做购买决定时，零售和企业买家都会思考安全问题，尤其是在敏感的产业，有关遭受网络破坏的媒体负面报道，不仅会损害生产企业的声誉，也会损害供应商、代理商或顾问公司的声誉。当然，在做购买决定时，客户体验也高度重要，而网络安全会对客户体验产生较大影响。在产品开发阶段既保证安全性又提供良好的客户体验的能力，越来越能给公司带来竞争优势，不过，这需要产品开发和网络安全团队都有思维方式上的转变。

了解客户的偏好及对客户体验的影响

　　公司必须了解客户对数据保密性、便利性的重视程度，以及他们如何在两者间权衡取舍。如果数据处于风险之中，没有针对网络攻击的保护措施，那么客户反响很可能没那么好，但是，如果公司所设置的所有管理风险的控制让他们的体验很痛苦，那么他们也可能抛弃该公司的产品。民意调查、焦点小组等标准客户研究方法有助于公司了解客户的痛阈，企业可观察客户的行为、对不同实验方法、控制组合的反应，同样的方法也可以测试其他非安全性特征。

　　网络经纪人可衡量客户平均要用多久才能在网站上完成各种任务，接着，在附加时间的基础上评估将添加到重要的客户活动中的新安全控制，时间以秒来计算。这些额外的延迟成为设计和发布决定的一部分，其中，业务部门积极参与在客户体验和安全风险两者间进行权衡。如果某一特定的控制措施显著地损害了客户体验，那么企业要么决定用更多时间来完善控制、改善体验，延迟或取消需要新控制的特征，要么签字同意接受额外的剩余风险。银行已经了解到，客户会认为额外的身份认证层有着积极的作用。一家机构试图通过用设备识别替换个人识别号码（PIN）来提升客户体验，这样，在客户从自己的笔记本或智能手机登录的时候就不必用PIN。这时，实际上，客户并没有欣赏其方便性，而是因为担忧安全性受到破坏而联系银行。结果，银行重新设立了PIN过程。

在企业对企业（B2B）的商务市场，没那么正式的方法会是有效的——通常，定期与客户沟通时，这已经足够。在一些公司里，与客户的IT安全团队间的非正式沟通能提供一些宝贵的见解——了解到客户越来越期望自己的数据是受保护的，并且这些期望如何转化为即将到来的请求建议书（RFP）中的条件和条款或决策标准。

将网络安全花费和考虑融合进商业业务案例

新产品往往会产生新型的数据或与客户互动的新方式，这反过来也会产生新的漏洞。这样，网络安全团队需要确保在新产品发布之前就有投入和参与，更为理想的是在产品开发周期就有参与，以防浪费或误用资源。一家金融信息服务供应商的网络安全团队负责人，在完全理解了要保证与该产品相关的信息资产安全的花费之前，简单地拒绝批准新产品的商业讨论。很幸运他有这种能力，不是所有CISO都有有效的否决权，但是公司的高级管理层知道公司服务的安全性的重要性，因此他们强烈支持这个需求。在将来某个时候，他们不希望遇到不愉快以及代价高昂的"惊喜"，他们想要确保客户对安全性有足够的信心。

在产品开发过程中构建安全性

IT和产品间的重叠在稳步增加，甚至在更多传统行业中也是如此。本质上说，医疗诊断工具是连入网络的计算设备，其包装盒上有医疗保健标志，而非技术供应商的标志。新车可有多达 1 亿行代码[1]；甚至恒温控制器也连接互联网；不幸的是，组织结构没有产品特征的变化那么快。在很多公司里存在机构筒仓（silo），筒仓将从事新业务产品的信息技术专家与核心 IT 团队的专家分开，结果，就联网产品与用于管理和支持的 IT 应用程序中的风险和漏洞，它们之间更难取得端到端视图。这增加了攻击者偷取客户敏感信息或破坏业务过程的风险。

公司需要在业务产品的网络安全方面提高专注度，构建产品设计与企业网络安全团队间的联系。一家工业公司为产品安全任命了小组负责人，确保每个业务都有一名产品安全负责人，给产品和企业网络安全团队创建论坛，以协作评估风险和指定优先级整改方案。

产品开发过程与 IP 风险相匹配

一般地，产品开发与 R&D 团队处理一家公司最为敏感的 IP——如果这些落入坏人之手，就会产生毁灭性的破坏。然而，对信息流实施太多的限制会放慢创新步伐，让研发过程延后几个月，如果竞争对手率先发布产品了，这也是毁灭性的打击。在某些行业，诸如外包合同电子制造业，我们看到，公司基于对风险的更好理解而调整业务流程和风险偏好。一家产品生命周期较短的公司接受与信息更自由流动相关的风险，以保持快速上市时间，而另一家公司，其产品生命周期不是以月而是以年来计算的，于是它们决定加强安全控制来降低敏感计划泄露给竞争对手的风险。两家公司的最终结果是不同的，但两者的共同之处是以跨职能部门的方法来平衡对速度、协作与安全的竞争要求。

销售与市场营销

比起 B2B，对于消费品行业来说，网络安全与销售和市场营销部门的关系更为简单。公司不愿在面对消费者的营销活动中对隐私和安全问题太声张，这部分原因是，那样会提高客户对风险的意识，而大多公司更乐意客户忘记这件事。而且，在这个话题上，在公众中太高调的话会是个风险，黑客可能就此发起挑战、更加努力地破坏。然而，由于客户的日益关注，网络安全部门与消费者营销部门的协作至关重要。例如，我们看到大量客户开始向财富管理服务商询问有关财务数据安全性的问题，这就意味着，CISO 能为财务顾问提供准确的信息，解释和强调防范措施，且不做出不切实际的承诺。

相比之下，B2B 市场上的供应商和客户越来越坦率地讨论数据安全作为销售和承包过程的一部分。客户想要知道他们的数据如何得到保护、承担怎样的风险、供应商提供什么保证。结果，企业公司开始采取措施既保护自身，又防止网络安全问题演变成自己的竞争劣势。当然，这是双向的：在选择供应商时，企业客户将安全视为主要购买因素，供应商通过增加在安全方面的投资及强调自己可提供什么措施来回应。

解释安全功能，支持销售团队

一般来说，只有 CISO 的团队能有效地阐释公司在保护客户数据上的尽职尽责，原因是，对于非专家来说，这方面话题和用语很晦涩难懂，无法容易掌握，不过，这就意味着公司要确保网络安全团队有时间给销售团队提供相关支持。网络安全团队也很可能需要指导，以在有需求的客户面前更有效地完成任务，毕竟，雇用网络安全专家时看的不是其销售能力。我们认识一位医疗保险业的 CISO，他有 1/3 的时间都是在从事销售活动，自然而然地，这对安全与业务整体关系上有积极的作用。CISO 帮助销售团队赢得订单，而不是阻挡他们获取商机。公司还必须确保，销售团队在需要解决客户要求和担忧时，知道求助于 CISO 及其团队的重要性。

针对合同中可包含的保证，树立明确的指导方针

随着人们对网络安全担忧的增加，在责任、查阅权或处理敏感数据过程方面，企业客户会对供应商提出越来越多的要求。一家保险公司收到来自其最大客户之一的要求，客户要在承包后清洗掉几乎所有数据，这是不可能完成的要求，因为在某些地区，监管者要求保险公司保存数

据数年。因此，供应商要清楚知道，协商开始前，在合同中愿意（和能）做出什么承诺。

很多商业合同谈判往往会在讨论无限责任时陷入困境。客户想要供应商承担由其引起的任何网络破坏所产生的经济影响的无限经济责任，供应商自然不愿同意。随着网络安全市场变得成熟，一些供应商正考虑为这些风险购买保险——按照客户要求，然后在交易中清楚地显示保险费用，让客户承担保费（本书后面章节中也会讨论新生的网络风险保险市场）。这样可简化任何破坏的责任，也给供应商和客户澄清了直接的经济影响。

公司必须在育人上投资，让销售团队、采购组、法务人员了解所有安全与合规性要求，并决定何时应求助于更多专业支持。

操作运营

从订单采集到客户服务及开账单，操作流程中必然会涉及公司掌握的一些最敏感的客户信息。此外，随着越来越多联网设备进入核心服务交付流程，提升了出现网络攻击干扰和破坏的可能性。数字化适应力将要求公司，在时刻考虑网络安全因素的前提下设计出核心业务流程，并确保具备管理联网设备风险的机制。

重新设计核心流程，减少商业风险

降低网络安全风险带来的业务流程的最大变化之一，即为清除敏感但不必要信息，进而在彻底"须知"分析基础上进行分段交互。一家财产和意外保险公司持有这样的心态，它们正分离出与高可见度诉讼相关的索赔，这样只有得到良好培训和最受信任的索赔代理人去处理这些案件。虽然，这意味着会有更少的代理人处理索赔案件，不过，与这种灵活性的减少构成平衡的是，处理最为敏感的案件会产生的风险降低了。同样，一家航空航天制造企业，基于工程的敏感度对设计团队进行分割，这样让组内协作变得无拘无束，但是阻止了任何有价值的 IP 在整个部门扩散。组织机构为操作和经营效率而追求的"扁平化"可能不小心导致更多的隐患，相比基于信息敏感性进行分段的网络，以类似的方式创建单一、扁平的网络环境可能会增加风险。

简而言之，企业机构需要确保其 IT 系统只为（内部或外部）用户提供最低限度的信息，即他们能够执行工作所必要的信息。为用户开放更多使用权会给企业机构及信息资产带来不必要的风险。举例来说，提供特定 IT 服务的供应商，应该不是利用风险会大大增加的系统级管理认证和控制，而是利用虚拟私人网络访问到网络或者虚拟界面网络的一部分来完成职责。供应商的管理团队一般不直接管理供应商访问控制的细节，但他们应该积极地参与到与 IT 安全团队的讨论中。

给网络安全团队设置联网设备政策的授权

在很多部门里，连接到企业网络的操作设备大幅增多，但是这些设备（如医疗器械、生产线控制设备、传感器）却不由 IT 部门管理。这些设备事实上是计算机，但安全性并不总是其开发者优先考虑的事，由于这些经常是随着技术成熟经过长时间演化来的设备，它们经常不被视为计算设备。例如，X 光及其他造影剂，是从利用物理影片的模拟装置到基于图像文件的数字设备的演化。而且，管理这些设备的商界人员，在没有更多专业支持的情况下，通常不具备必要的经验或专业知识以保护设备安全性。结果，企业不得不依赖于网络安全团队，这就意味着该团队必须了解，而且有权访问这些设备，以便采取所需的防护机制。这就超越了只是设定需求，还包括让安全专家融入产品设计与工程团队，就像他们参与新软件的安全开发过程一样。

采购

第三方供应商提供的产品和服务会包括范围较宽的网络安全漏洞：供应商可能没有按照规定去关心和对待客户的敏感信息，新的连接设备会给攻击者创造路径渗透进企业网络，等等。为了解决这些问题，一流企业会采取多项战略来促进网络安全团队与操作运营及采购部门的关系。不过，如前所述，购买者在考虑购买时日益重视安全因素，目前，少有企业完全将网络风险结合到采购过程。实现数字化适应力意味着，在供应商策略、RFP 建设、供应商 / 竞标调查、最后协商及绩效管理包括解约（必要的时候）中考虑网络安全因素。

在供应商评估中采用以风险为基础的方法

企业机构会拥有成千上万个供应商（我们所知道的一个医院网络有近 3 万个供应商）。如果没有有效的供应商管理，根本无从知晓哪家供应商有何种类型的敏感信息。这样，信息资产风险就融合更多的传统目标，比如成本、质量及运营控制，成为重要的供应商合理化驱动因素，而非"马后炮"。

然而，即使采取了有效的供应商管理措施，大型机构也会有几千个供应商：简单来说就是，他们提供太多类型的专业服务，太多需要当地供应商的地点，为了让这些数字变低些又有太多不同类型的软件。对每个供应商的全面网络安全评估会停止承包，因此，成熟的公司决定基于传输的信息类型、贸易关系的规模及与企业技术环境关系的本质来决定所需的分析深度。如同公司要确定优先控制、对不同信息资产给予差别保护一样，他们还需要创建合适的供应商管理过程，以匹配暴露水平。要为有较低风险的较小供应商创建效益，安全和采购团队要跨企业合作，对评估问卷进行规范，这样，每次有新客户，供应商将不必回应客户一系列不同的问题。主要合作伙伴，如外包制造企业或基础设施提供商，可从标准化评审和审计开始，但是，合作关系的重要性及暴露的程度需要更为实用及自定义方法。

企业机构应制定纲要，决定哪个功能部门最终负责管理供应商事宜（比如中央风险职能部门还是负责签订承包合同的职能部门）、第三方供应商带来的暴露中可接受的访问与风险及为审查和管理供应商而采取的治理过程。严格地说，这些政策还应制订出终止不合规供应商合同的步骤，一位 CISO 对自己公司的供应商管理职能深表遗憾，他抱怨，从来没看到哪个供应商合同得到终止，即便他们的信息安全管理很糟糕。

在确定供应商安全需求时保持谈判能力

企业对供应商的安全需求与其所拥有的谈判能力间存在着内在张力。要求越严格，能符合的供应商就越少，企业的回旋余地就越小。一家制造企业有 9 家供应商回应了一份 RFP，结果根据安全需求筛选只有两家合格的候选。为了避免这种情况，采购及安全团队必须在这样的背景下评估 RFP 安全需求：普遍市场实践、整体商业风险、整体契约经济。行业或国际标准中的基础需求有助于让更多的供应商参与，因为他们无须满足公司定制的需求，而期待供应商遵循一套定制的标准常常会让能参与进来的供应商变少。

同时，供应商合同、服务级别协议（SLA）、主要服务协议及其他任何文件都该与已设立的供应商管理政策相一致。理想的是，这些文件会规定供应商管理信息安全风险中可接受及所需的行为，包括定期安全审查和测试、员工背景调查、数据加密和存储、网络破坏披露。SLA 应列出会受安全问题影响的最低服务表现水平，比如在线软件作为服务应用的网络可用性。

减少供应商数量

由于面临历史性的管理的挑战，一家大型公司拥有近 2 000 家 IT 供应商（其中 700 家持有真正敏感的数据），其总供应商数量为 2.5 万个。即便是最为守纪律、受过训练的部门也无法完全对所有这些供应商进行监督。一般说来，整合供应商的首要驱动是成本和服务质量，但是 CISO 必须在讨论中发声并指出，供应商数量之大，会让跟踪任务和确保供应商符合公司安全政策方面大幅复杂化，比如对"谁接触了哪些数据"进行的跟踪等。

人力资源

负责网络安全和 HR 的经理们需要协作，让保护员工和保护企业信息资产达到合适的平衡。在如今日益数字化的世界里，一线员工处理着敏感 IP 及客户数据，这些资产的损害会让公司受损，从竞争地位或法律责任方面讲，损失可达数亿美元。

确保员工责任透明化

现在，越来越多公司允许员工把自己的设备带到单位工作，企业和个人技术的界线开始变得模糊，员工如何使用智能手机甚至笔记本的责任也会变得模糊不清：在自己的设备上，他们能安装什么软件？他们能连接企业网络中的什么设备？为了确保员工认为安全政策是公平公正的，网络安全及 HR 团队需要确保员工理解，企业对他们的期望是什么，没有达到这些期望会有什么潜在后果。在后面的章节里，我们会更深入探讨部门间沟通交流及其他机制，以便在企业内部创建和强化这种文化。

业内人士分析与企业文化相结合

网络安全团队逐渐使用越发精密的分析方法来识别可能泄露敏感信息的员工。这些分析方法针对的范围远远超过 IT 用途的信息。财务困难、业绩评估、离职计划等内部风险的前兆通常对 HR 团队来说是有可见性的，但这对网络安全团队不具可见性。让员工隐私与保护信息资产之间达到平衡，取决于企业风险承受能力及文化和相关管辖地区的监管环境。已经有一些国防承包商及对冲基金公司，要求新员工签署"生死状"，接受他们签署并同意的监视程度。在其他一些行业，这种对员工隐私的入侵程度是很难想象的，甚至是非法的。企业需认真考虑监管要求及适当的法律审查规定。在美国一些州及欧洲很多国家，对员工进行深入的在线监视的有效性是不确定的。于是，要由高层管理者决定分析方法所要挖掘的深度，并且要按照法律和合规性专家的意见，网络安全团队及 HR 都将需要帮助高管们做出正确的平衡。

风险管理与合规性

网络安全自然会与风险管理和合规性有重叠。毕竟，网络攻击就是另一种形式的运营风险，网络安全可被认为是一个风险管理功能，因此，企业风险管理团队是网络安全团队的天然伙伴。此外，监管机构会对越来越多的行业的网络安全决策行使一定程度的监管。这就意味着，网络安全团队必须与风险管理及合规性管理者合作，强调网络安全的风险管理方面，确保合规性不会主导网络安全政策及投资。这看上去似乎是最基本的，但事实是，很少有组织机构视网络安全属运营风险领域，也就没有照此加以管理。

行业不同，风险管理与网络安全的关系也不尽相同。在金融行业或严重依赖 IP 的行业（如制药、国防），通常也已建立起良好的风险管理项目。一般来说，这些项目管理传统市场及流动性风险比较有效，但很少能系统地解决信息和网络安全风险，通常的解决方法是对新领域采用经典的风险管理方法。处于中间状态的是能源、医疗等关键基础设施行业和受政府约束管制的行业，属于这些领域的公司，在实施业务连续性计划与灾难修复之外，开始提升自身的风险管理能力，虽很少覆盖网络安全风险，但是网络安全风险项目可融入日益成熟的企业风险职能部门。最后，是不太成熟的行业，比如零售业，它们可能根本不具备正式的风险管理团队。对于这些行业来说，设立网络安全团队可能是开拓性的功能，需要推动建立起核心风险流程和方法。

与合规性功能部门协作，了解监管者真正的底线

在采访中，我们一次又一次地听到受访者说合规性不关乎安全，监管者常常具有教条主义心态，相比最新的防御机制，监管标准可能已经落后多年。管理监管环境总充满挑战性，但是，网络安全及合规性团队是有办法协作缓解其影响的。鉴于监管者与流程紧密相关，给他们提供评估风险、优先级投资及设置政策的透明机制，可以促使监管者与企业之间更加融洽，或许，更为重要的是，避免监管指导出现空白。一家金

融机构，为了符合监管规定（其管理者这么认为），愿意接受一些核心
IT 过程中明显出现低效率现象。合规性团队帮助该企业确定，事实上，
大多效率最低的约束源于对监管者需求的认知，而非来自实际的监管
指导。

将网络安全融合进整个企业范围内的风险管理过程

自经济危机中企业面临各种挑战以来，如今，董事会及高级管理团
队注重企业风险的方式甚至在 10 年前是难以想象的。他们依靠风险管理
职能来推动风险评估、风险缓解及报告不同类型的风险，包括流动性、
信用、监管、法律及运营等方面。但是，如果网络安全被视为 IT 的责
任，与其他类型企业风险分开，那么董事会及高级管理团队将不予以其
所需的重视、支持及资金。在董事会和高级管理团队最为有效参与解决
网络安全问题的一些公司里，他们将用于评估、区分优先级和报告网络
安全风险的语言和框架，整合到他们所说的运营风险类型中。例如，一
些银行视信息安全风险为顶级风险事件分类，即使这并非《新资本协议》
（Basel II Capital Accord）中陈述的由国际银行建议所定义的 7 种最高类
别之一。在一家寿险公司，信息安全风险问题从董事会 IT 委员会的管理
权限转移至企业风险委员会，后者会让信息安全风险同市场及其他商业
风险一样成为日常工作事项。

让一线员工参与保护他们所使用的信息资产

几年前，一家金融机构的资深数据库管理员（DBA）收到一封邮件，
内容关于即将到来的大学同学聚会。邮件中称呼其名、提到具体的聚会
活动，还留了一个链接，点开可查看更多相关信息。

鉴于他对母校的深厚情感，这位 DBA 点击了该链接。不幸的是，该
邮件是个鱼叉式网络钓鱼攻击[2]。通过研究 DBA 在社交网络上发布的信
息，网络罪犯能够编造出看似来自同学的可信的信息。

当他点击链接后，进入了一个在其电脑上安装恶意软件的网站。该恶意软件是个击键记录器，能够捕获他进入多个含有客户敏感信息数据库的密码。他所在公司为了避免泄露客户数据的尴尬局面，同意给网络罪犯支付大笔赎金。

在另一家金融机构，一位客户经理犯了一个低级错误。她给一位客户发送其账户过去一年的总结，但是，她回复匆忙之下添加了错误的文件，而这个文件中有数万名客户的个人信息，幸运的是，这位客户提醒了她，波及面有限，只是打了几通比较尴尬的电话。

这些非故意的行为让公司处于风险中，而且很常见。谁没在邮件中插入过错的文件，或是把正确的文件发送给错误的人呢？第三方研究人员可轻率地将敏感 IP 放在不可信的外部云存储服务；呼叫中心代理可能把很多密码写在便条上贴在显示器旁边；IT 经理可能会让重要计算机系统访问权变得过时。总而言之，员工可能造成的非故意性安全漏洞是无穷无尽的。

由此，需要保护信息资产的公司面临着更具挑战性的环境，它们有两个选择。它们可以实施越来越严格的控制，控制员工从事工作所使用的技术——这会降低生产力，有时还促进工作环境变得极不安全——并一直强调员工要进行安全的沟通和相应培训。或者，公司可以超越安全意识和各种规定而推出改变一线员工行为的项目。为了追求数字化适应力，组织机构需要让员工参与到网络安全需求中来，让他们变为盟友，而非隐患。

很多 CIO、CISO 及 CTO 对改变员工行为的潜在价值持怀疑态度。我们询问他们，帮助一线员工理解信息资产的价值会有何影响，不到一半的人认为，这会影响巨大或者有力挽狂澜的作用。实际上，在我们所调查的 7 个手段中，技术高管们将改变一线员工行为视为最不重要的一个。然而，他们持怀疑态度并不是因为认为用户行为不重要，而是因为担心他们的行为无法改变：他们会认为这是一种约束，而非机遇。

于是，我们反复听到技术主管说到改变一线员工行为是件很难的事情。一位 CISO 说："网络安全意识培训不起作用。公司进行防止性骚扰培训、监管合规性培训及很多其他培训，但我们只是人们不认真关注的另一个对象罢了。"

幸运的是，一些企业机构在这个方面取得了较多进展，它们通过不同方式来实施四件事：根据用户所使用的信息类型对他们进行分割；利用现有的安全与质量措施；利用设计思维创建工具和服务，让用户更容易为所应为；通过采用一系列相辅相成的措施将以上几点结合起来。

基于用户所需要使用的信息，对用户进行分割

不同类型的用户使用完全不同类型的信息，这些信息的敏感级别亦有差别。制造业的研发团队接触极为敏感的自主 IP，但从来不会接触客户数据；保险业呼叫中心代理可能会看到知名客户的健康或财务信息，但几乎很少看到其他局外人感兴趣的数据；所有行业的资深管理者都接触公司最为关键的商业策略，有时看上去行政助理能接触到所有事情。

在处理敏感信息和针对整体风险上，不同团队也有着不同的态度。总法律顾问办公室的律师们将（或至少应该）倾向于保护机密信息，这些信息可追溯至他们还在法学院读书的时候；而贸易商可能太过注重跟上市场节奏，而从来不考虑保护有价值信息；研究者，尤其是有学术背景的研究者，可能认为"信息渴望自由"，这种观点会吓到他们的老板，因其可能置价值数百万美元的 IP 于风险中。

不同的用户接触到的信息类型有所差异，他们对保护这些信息的态度也有所不同，鉴于此，应该清楚的是，对所有用户以同样方式对待的常规方法，只能对实现数字化适应力产生最小的影响。在动员每个人都采取行动上，标准方法并不有效。

在这方面取得进展的公司，最先会去了解不同团队和不同位置的用户对保护信息的看法。例如，一家银行的领导了解到，从事资本市场业务的员工经常完全没有意识到网络安全风险，同时，银行零售业务经理们认为这个问题尽在执掌之中。了解了每个团队的担忧、倾向及盲点，让这家银行设计和传达出更具有挑战性并最终有效的信息：缺乏基本认识的团队接收到的通信信息中，注重解释网络安全问题会导致重大风险，分享了其他承受损害的公司案例，还介绍了解决风险可采取的初步措施；网络安全方面较为先进一些的团队收到的通信中，简要提及商业案例，注重的是更高级别的风险缓解措施，以及如何解释信息安全报告。随着不同团队在信息安全上变得越来越成熟的过程中，每个团队都会收到适合自己情况的培训及支持信息。

一流公司会在考虑优先级过程中识别为关键的资产及使用它们的用户之间设立界线，同样，这为实施更有针对性、更有效的一套干预留出余地。如果管理人员及员工理解哪个信息尤其敏感、只有小范围的人士可以接触，那么他们可以加以管理，让访问权限成为有效的备份技术控制措施，而非防止过度分配的首道防线。

一家石油开采公司决定，开采权力谈判策略为其最敏感的信息资产。高管开玩笑称，一张指示高管"为某项所有权出价 15 亿美元，但不要超过 25 亿美元"的纸条，若落入坏人手中就变成了"价值数十亿美元的电邮"。经过调查，该公司决定，数万员工中只有 500 人可合理访问这些数据（有趣的是，这些人中几乎一般是助理及其他支持人员）。基于此，该公司开发了"500 强"计划，着重帮助这一小部分人理解如何更好地保护与谈判有关的信息。这一受到更好培训的团体被赋予更高的权限，可访问企业应用程序及协作平台里的敏感数据。鉴于对这部分人的评估只能提供出初步见解，该公司还设立常规过程来评审"500 强"成员，另外，基于该团体成员对需要了解和接触的信息的变化，公司还推出一个"500 强"成员进出机制。

利用现有的安全和质量措施

无疑，组织变革是很难的，但是很多公司的实践证明这可以用系统的、可持续的方式达成。我们看到一些公司，尤其是自然资源、制造、生命科学领域的公司，在安全与质量上有着长足的进步[3]。不仅网络安全团队向同事学习安全生产，他们还基于构建质量与安全项目来创造改变。这产生了多重益处，向员工强调了网络安全是核心商业实践，而非单独的"IT问题"。考虑到高级管理层对质量和安全项目的支持，这个方法强调了改变行为的重要性。若利用好报告、治理、奖励制度等已经存在的组织架构，这方法还能更为高效。

在很多自然资源、石油、流程性制造业公司里，每次开会都以"安全分享"开始，其中，参与者提出一个避免事故的方法建议。在一家石油公司，其总部的管理人员认为，保护信息资产如同保护人员及物理资产一样非常重要，于是，他们日益将网络安全相关的安全分享囊括到安全分享中来。这一过程联系起企业已形成的文化与核心价值，而非将信息安全设立为新的或单独的问题。每当有人谈论自己发现会议桌上放着敏感文件并处理恰当，进而跟进文档所有者，确保文档安全，这时，都加强了员工的安全行为规范，就如同有人分享清理了可能会导致人员摔下楼梯的泄漏液体的经历一样，也如同当有与会者表示在开车而立即终止电话会议确保安全一样。

采用"设计思维"，让用户更容易为所应为

在很多，或许大部分公司里，员工会告诉你，信息安全是让人头疼的事，它迫使员工，而且经常还迫使他们的客户，要记住复杂的密码，会阻止他们使用很多在线工具，而这些工具都会应用在个人设备上，甚至还导致笔记本电脑要很长时间才能开机启动，这样员工必须提前5分钟到单位。难怪，很多科技主管告诉我们，网络安全对公司一线生产力造成了实质性的负面影响。

其中的一些不便是难以避免的。对企业环境来说，不是所有设备、服务或应用程序都足够安全，没有可靠的身份认证措施，很难保护敏感信息——公司都不知道是你在访问数据，如何能保护你的数据。

然而，大多不便源于糟糕的设计。虽然，苹果、谷歌、亚马逊等公司迫不得已而为外部客户创造愉快的用户体验，但在其他很多公司里，员工及客户的用户体验为低优先级别。这就是安全措施的真实情况。一家公司虽已开始要求员工设置更为复杂的密码，但并未解释哪种类型的密码符合要求（多长，大小写混合，加入特殊字符），这让用户自己经过烦人的试验和错误去摸索。自然而然地，员工越发认为安全措施是完成工作的障碍，而非保护企业的同盟者，反过来，也降低了员工视自己为盟友的概率。

一家银行在客户访问在线付款服务前要求客户回答一组"挑战问答题"。要给出正确答案，客户得记住自己的第一辆车是科迈罗，但是，客户是否记得几年前她设置账户的时候输入的是"雪佛兰牌科迈罗""雪佛兰科迈罗"，还是"科迈罗"，抑或是其他变体呢？毋庸置疑，增加问答题这个变化会导致很多人愤怒地给客户服务中心打电话。虽然员工更经常访问系统，对挑战问答形成了"肌肉记忆"，这条教训仍然适用：真实用户与系统的交互方式必须得经过仔细考虑。

纵然，一谈到多因素身份认证协议，取悦终端用户就仍是难以完成的任务，但为了让终端用户能有积极的体验，设计思维要求技术专家（及他人）重新定义他们的工作。设计公司 IDEO 的 CEO 蒂姆·布朗（Tim Brown）称设计思维意味着："通过直观观察全面理解人们生活中想要的和需要的，人们对于特定产品的生产、包装、营销、销售和支持服务方式的好恶，会驱动创新。"[4]

首要的是，网络安全工具必须确保公司的资产得以保护。在创造积极的用户体验的同时可能达成这点，然而，过分自信地假定这两者间有恰到好处的平衡取舍，会导致错失同时提高安全和用户体验的良机。一个非营利组织发现，尽管各种各样的公共文件共享服务的安全功能从未得到验证，该组织的员工还是会用这些服务来存储敏感的交易相关文件。为了阻止这种行为，该组织引入自己的安全应用程序。员工感觉到，IT正在回应他们的协作需求，同时，该组织大大提高了合规性。

当然，将注意力集中在合规性上意味着该机构被束缚于一些真正的威胁。一家银行完全符合设备安全标准，通过了每次审计，然而所有这些控制大大放慢了启动时间，导致员工转而使用不安全的个人笔记本电脑，旅行时也会依赖于基于网络的电邮。任何安全审计都没有捕捉到这些真正的风险，但这些仍需要解决。于是，这家银行发起一项协作项目，在升级员工笔记本操作系统时，降低笔记本的开机时间，现在，启动时间作为一项网络安全团队的顶级性能指标而受到跟踪。让合规变得尽可能容易，责任就在 IT 部门，虽然，合规性标准稍低一些。

采用一系列相辅相成的措施

通过我们的采访发现，经验显示，为了让公司更为安全而让员工改变行为是很难的事情。确实，麦肯锡公司的研究显示，在几乎所有背景下，组织变化都很难达成，尤其是当忽然开始关注某个话题时，一个组织很容易回到此前养成的习惯[5]。我们经常看到，当组织机构需要全面变革管理程序时，他们会选择一个提升网络安全意识的程序。他们贴出海报，敦促员工"三思后再点击鼠标"，并进行模拟网络钓鱼活动，来判定哪些员工会点击一封明显有诈骗性的邮件中的链接。鉴于用户行为对整体安全的巨大影响，这些措施还不够。提高意识的项目至多是改变用户行为的一个因素，通信交流也仅是促成心态和行为改变的一个因素。

然而，公司需要持续的改变，这需要四个相辅相成的条件（见图 4-1）。

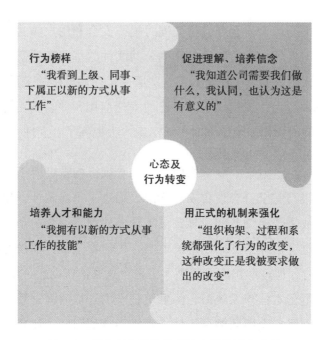

图 4-1　将心态和行为改变植入到公司企业里

人们需要理解与信念

　　人们要知道企业公司对他们的期待是什么，关键地，他们还要认可那个期待是有意义、值得去做的事情。这就意味着，要吸引他们去了解之所以网络安全重要的原因、了解他们每个人在保护公司财产中扮演的重要角色。企业公司在这一点上的表现往往相对较强，而其他三个机制基本上是最需要改进的。

人们需要有以新方式工作的技能

　　举例来说，企业需要将如何安全处理文件相关的资料整合到更广泛的培训与员工入职日。其中，一部分内容可能是基础技术控制——如果某些信息需要加密，那么需要提供（或者最好是自动化）相关软件。另一重要事项是，在交流中应不仅仅有"什么、为什么"这种类型的谈话，而是"如何"，利用具体事例帮助员工理解和接纳新行为。例如，一家航天设备制造公司推出了新的安全管理模块，以便一名工程师加入到需要与外部制造伙伴合作的团队时，能够在了解到协作方法、团队计划等的同时，也能了解安全协议：安全是核心训练的一部分，而非辅助措施。

高级领导要为新行为做出榜样示范

要强化任何需求或行为、嵌入某个理念，树立行为榜样都是必不可少的，领导层需对此非常认真对待。一方面，如果有人看到领导（及领导的领导）尊重客户信息，而不会在公共场合谈论敏感数据，看到他们在安全协议没有得到遵守时表达不赞成，那么员工就知道要认真对待这些规则了。另一方面，如果领导都嘲笑规定、表现出明显的怨恨、持有"与系统玩游戏"的心态，那么官方的和隐含的信息间就出现了冲突，而很多员工往往会与其直接领导的观点一致。

公司领导要利用奖励措施等正式的机制来强化新行为

通常，在企业里，对于企业技术资源的严重滥用行为是有明显的惩罚措施的，但是对好的网络安全行为的奖励措施却鲜见。很多公司会测试有多少员工回应钓鱼攻击，然而，很少有公司长时间跟踪网络钓鱼命中率，并将此列入高级管理层的计分卡与奖励计划中。从最基本的来说，在安全方面的表现可纳入绩效指标与对话中。要达到更大效果，安全行为可和其他类型风险一起被囊括进薪酬和绩效考核中。人们倾向于优先考虑会受到衡量与奖励（及处罚）的行为上，因此，如果网络安全没有包含在内的话，那么就相当于向员工暗暗地传达信息，什么是安全需求优先考虑的因素。

●●●

在企业业务的每一部分——产品研发、市场营销、销售、运营、采购、HR、风险及合规性里，政策和流程影响着公司保护自身信息资产的能力。同样重要的是，针对公司的业务每个部门一线用户所做的决策与措施。

在政策、流程及用户行为方面做出适当的改变，需要网络安全团队与其他业务部门的高水平合作。网络安全团队如果姿态极为被动,那么就意味着放弃保护信息资产的重要手段,而没有其他业务部门参与制定的一系列规定,会对生产力产生极大的消极影响。

当然,网络安全团队将必须培养对业务实践与流程的细致了解,制定切实可行的变革措施,以保护信息资产。然而,他们无法单独完成这一点。他们需要高级领导层的积极支持:业务部门主管们要辅助让客户产品、产品设计及端对端过程与安全需求同步;采购经理要帮助在供应商安全需求与契约经济间保持适当的平衡;合规性管理者要促进监管规定与公司降低风险优先考虑的因素相匹配;每个职能部门的领导要沟通交流,强化这样的期望:让一线用户理解他们每天所使用的信息资产的价值并保护它们。

注释

[1]Zax, David, "Many Cars Have a Hundred Million Lines of Code," *MIT Technology Review*, December 3, 2012. www.technologyreview.com/view/508231/many-cars-have-a-hundred-million-lines-of-code.

[2]网络钓鱼攻击是通过邮件发送给用户,意在让用户点击链接,该链接将在其设备上安装恶意软件。鱼叉式网络钓鱼攻击是针对特定的用户的邮件,尤其是访问敏感数据的用户。

[3]Centers for Disease Control and Prevention, "Achievements in Public Health, 1900–1999: Improvements in Workplace Safety—United States, 1900–1999," *Morbidity and Mortality Weekly Report* 48(22), June 11, 1999, pp. 461–469.

[4]Brown, Tim, "Design Thinking," *Harvard Business Review*, June 2008. http://hbr.org/2008/06/design-thinking/.

[5]Keller, Scott and Price, Colin Price, "Organizational health: The ultimate competitive advantage," *McKinsey Quarterly*, June 2011. www.mckinsey.com/insights/organization/organizational_health_the_**ultimate_competitive_advantage**.

第 5 章

将 IT 现代化，以确保 IT 安全性

如一位医疗行业 CISO 指出的："每个人都喜欢假称确保安全性是你需要做的额外、花费昂贵的事情。对于良好的安全性来说，重要的只有良好的 IT。"

不幸的是，当公司让网络安全成为控制功能，将安全置于现有的多维度技术环境之上时，他们不仅在客户端设备上安装杀毒软件，还安装了一系列安全工具。为了击退攻击者，他们让网络不仅包围在防火墙之下，还有诸如入侵检测及网络过滤等技术手段。甚至，他们还构建治理策略，鼓励开发人员按照安全架构标准开发新应用程序。

这些措施很多是完全有必要的，大幅提高了公司的安全水平。然而，并没有解决两个关键性根本问题：首先，公司并没有以安全为基础设计技术环境，使其本质上无法达到安全，其次，一些趋势正让技术环境变得越来越不安全，而非日益安全（见图 5-1）。

与制造商们发现不可能"从内部检查质量"一样，IT 部门越来越发现很难"把安全性置于上层"，它不能解决环境中的巨大隐患，至少，用于弥补本质上不安全的环境的措施让用户体验降级，降低了 IT 团队创新的能力。

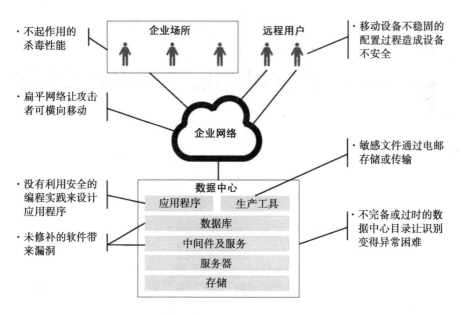

・不起作用的
杀毒性能

企业场所

远程用户

・移动设备不稳固的
配置过程造成设备
不安全

・扁平网络让攻击
者可横向移动

企业网络

・没有利用安全的
编程实践来设计
应用程序

・未修补的软件带
来漏洞

数据中心

应用程序　生产工具

数据库

中间件及服务

服务器

存储

・敏感文件通过电邮
存储或传输

・不完备或过时的数
据中心目录让识别
变得异常困难

图 5-1　技术环境中广泛的组件导致安全隐患

很多用于保护关键信息资产的有较高影响力的机制，涉及改变更广泛的应用程序、数据中心、网络或终端客户端环境，这些领域是网络安全团队可以影响的，即便他们受控于应用程序开发和基础设施经理。

将网络安全嵌入 IT 环境的六个方法

思维最为超前的公司已然认识到试图以零散方式添加安全措施面临的挑战，并开始积极采取行动，在其技术环境的最核心实施安全保障措施。特别是，它们加快推进使用私有云，而且有选择地使用公共云服务，从一开始起就在应用程序中构建安全措施，虚拟化终端用户设备，实现软件定义网络，降低使用电邮作为文件管理替代方法的概率。

这些改进自然有赖于安全团队之外的部门成功实施其所引领的主要举措，这些措施的实现归于超越安全利益之外的一些综合因素，包括效率与灵活性。

加快向私有云的转移

在成本降低与大幅提高灵活性的推动下，大多大型公司开始实施标准化、共享的、虚拟化及高度自动化的环境，来托管企业应用程序。伴随着其不同的排列，这些就是实际上所说的"私有云"[1]。早在 2011 年，我们采访的近 85% 的大型公司称，云计算是它们的首要创新任务，70% 表示，它们要么在计划，要么已经推出私有云项目[2]。那些更进一步的公司经常发现可以将 60% 的工作量[3]转移到更能胜任、花费更低的私有云环境中（见图 5-2）。

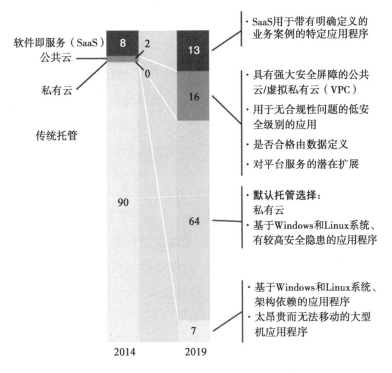

图 5-2　到 2019 年，私有云将成为主流模式

然而，尽管如此，对于在私有云环境托管应用程序的益处仍存在着争论。一些网络安全专业人士称，效率与灵活性方面进步的驱动因素也让攻击者利用企业网络变得更容易。虚拟化——将多个操作系统的多个映像共同放置在单一的物理服务器上——让恶意软件可从一个工作负载

扩散到另一个工作负载。标准化简化了数据中心环境，让 IT 团队的工作更为方便了，但同时也建立起单一性安全保障，让攻击者更容易摸清楚了。同样，虽然自动化可在数据中心环境管理上很大程度上帮助到系统管理员，但是，如果攻击者成功获取了系统管理员的登录信息的话，就会产生巨大破坏。

一些最为尖端成熟的 IT 团队持有与此完全相反的观点。他们推断，传统的数据中心环境完全是无法维持的，精心设计的私有云项目提供了同时削减开支、增加灵活性及安全性的机会。

数据中心复杂性滋生不安全性

资深（或至少为任职时间较长的）技术高管们仍旧记得数据中心环境还很简单单一的时候。就在 20 世纪 90 年代初期，甚至一家顶级投资银行也可能在几个主机、几十个小型计算机以及或许上百个 Unix 服务器上运行所有的业务应用程序，自那之后，改变速度和程度便开始令人目不暇接。

现在，同样的投资银行可能仍只有几台主机（每个主机都有处理更大数量级命令的能力），不过，该银行会在成千上万个物理服务器上运行超过 10 万的操作系统（OS）映像。更为重要的是，该银行的 IT 团队要支持十几甚至更多的 OS 版本（其中一些已经过时多年）及几千个配置，这些需要繁重的人力劳动来维持。这种复杂性，让大型企业越来越难以保护自己的数据中心环境。

两个问题尤为令人苦恼。第一个问题是，对复杂性的持续跟踪，由于数据中心环境处于快速变化中，对于安全团队来说，要识别表明服务器遭破坏的异常现象就困难了。当公司每月添加几百个服务器映像、执行数千个配置改变时，实际上，很难时刻把握数据中心环境的最新情况。举例来说，没有了这些了解，安全运营团队就更难发现服务器在不应该的时候却向外部传输数据了。

第二个问题是，数据中心环境让及时给商业软件安装安全补丁变得困难，这让服务器暴露于多种新型的攻击之下。运行在企业数据中心中的软件工具中（操作系统、数据库、中间件、实用程序及业务应用程序）中，开发者不断发现新的漏洞，并发布软件更新，即补丁，旨在解决这些漏洞。

安全专家布鲁斯·施奈尔（Bruce Schneier）称 2014 年出现的"心脏出血"漏洞为"灾难性的"，原因在于，该漏洞可让黑客诱骗敏感信息，比如让用户与互联网应用程序之间进行加密通信的开源工具 OpenSSL 中的密码[4]。在宣布发现该漏洞的几乎同一时间，OpenSSL 就提供了补丁[5]。这是正常的，供应商通常能在发现漏洞当天推出可用的补丁来修补八成的漏洞[6]，但是推出补丁和公司使用它来保护自己之间有着延期（有时很长），而且不是所有的补丁都能解决问题。比如，2014 年爆发的 Shellshock Bash 漏洞，其最初的补丁很多都被证明是无效的，让很多公司暴露在风险中[7]。

打补丁是数据中心团队的持续责任。举例来说，微软每月的第二个周二针对其产品发布安全补丁，尽管在更为紧急的安全情况下，也会按需发布补丁[8]。保持这样是非常艰难的。在一家机构里，每周会有补丁会议，决定接下来需要怎么做。由于没有完整的软件目录——这并不鲜见，因此不可能将此过程自动化。OS 补丁要非常快速地得到应用和分配，而对业务不是很关键的软件的补丁只会每个季度才得到解决一次，当然，黑客正是通过这些应用程序获得访问权的。在终端用户设备及服务器上，一些极为脆弱的应用程序有几十个不同版本，要么它们被认为是非紧急的，要么只是因为前一版本更新后没有卸载。

IT 高管告诉我们，人力配置的限制，意味着团队没有时间和资源对补丁进行测试，以查看它们是否安全地得以应用了。脆弱的架构让开发人员不愿给一些应用程序安装任何补丁，除非在最极端的情况下。一家银行的一些系统曾出现稳定性问题，于是，该银行开始把服务器列入

"请勿触摸"资产列表中，系统稳定后才会被打补丁。两年时间里，这个"请勿触摸"的清单包含了几百个服务器映像，有几千个补丁未应用。银行一次内部审计中揭露了这些情况，于是不得不发起特殊的一次性修复程序来确保一切安全。

在全公司范围分配补丁既浪费时间，又需要大量人力，而且一些补丁时常会失去优先级地位。所需的改变数量意味着，或许没有足够的维护窗口来安装所有的补丁，一般地，维护时段处于清晨或周末。供应商还会停止对过时技术的支持，也就是说，安全补丁可能对这些公司所使用的软件已经不适用。在 2014 年，微软不再支持（2001 年推出的）Windows XP 系统，然而有超过九成的 ATM 机却还在使用这一过时的系统 [9]。

面临这些挑战，企业在补丁这个问题上陷入落后，便容易理解了。一家保险公司发现，就安全补丁来讲，其公司有一半以上的服务器至少落后了三代，使其容易遭受攻击者利用最新发现的漏洞进行攻击的风险。这家公司并非个案——绝大多数网络破坏都可归因于没有及时给相对较少量的软件包进行补丁 [10]。

私有云或能够让数据中心安全

私有云是否能成为减少隐患、提高安全性的机制？如果公司能恰如其分地设计和管理自己的私有云项目，它们就能大幅降低数据中心环境中的风险。随着时间的推移，与云有关的高度标准化硬件和软件应降低对过时技术的应用，同时，补丁成为标准供应的一部分，不会每个服务器都需要人工才能完成。自动配置 [11] 能减少会带来隐患的配置错误风险，也能更容易在应用程序上执行政策，这些应用能在同一个服务器或在整体网络的一部分上运行。自动化配置与标准化的结合给整体环境带来更大透明度，这样更容易发现异常现象，这现象意味着可能在遭受破坏。

一些公司甚至利用私有云技术来促进精细的安全分析法。一家医疗保健公司利用私有云环境中的虚拟化工具 [12] 来实时检查网络流量，并对工作负载进行标记——当它们有异常时，或许意味着感染了恶意软件。

然而，对转移至私有云会带来新的隐患的担心并非子虚乌有。私有云项目需要仔细规划来构建安全性能。举例来说，技术先进的公司正在配置它们的环境，来最小化这样的风险：通过要求从只读存储器运行虚拟化工具、限制程序给虚拟工具下指令的方式，攻击者一旦进入，即可从一个系统跳转到另一个系统。它们还将一些运营人员分离，这样，如果单一恶意内部人士访问了管理工具，可控制其所能造成的损失。不仅安全团队必须从一开始就要帮助设计安全措施，而且在私有云的业务论证中，安全性注意事项也必起到重要的作用。

明显的是，改用私有云需要大量投资和组织变革。这样会导致很多公司的私有云项目停滞，高管们也就对改用私有云的进度与程度兴趣索然。

目前，在这方面取得成功的公司在以下四个方面表现突出。

（1）对于私有云，它们注重所有业务高管之间的协作，以确保通过将工作负载从过期的数据中心环境转移以提升公司安全性。一家投资银行决定实施新版本的私有云环境，这不是因为它可以提高潜在效率，而是因为能带来更高的安全性。

（2）它们分阶段推出不同功能，这样，它们可以随着时间推移而不断了解和建立新功能，尤其是，每次推出新功能，它们都注重打造越来越有吸引力的开发体验，创造对新平台的需求。

（3）它们为云平台构建并自动化新的操作和支持流程，这样不会复制旧平台上的低效现象，并有效地扩展。

（4）它们创建专项小组，该小组得到高级管理层的支持，以规定、设计、推出并操作新的平台，这样，与现有的环境相比，新平台不会成为"马后炮"。

有意、有选择地使用公共云

几年前，一家重要的公共云供应商的多位客户经理拜访了世界最大型银行之一的基础设施主管，他们做了令人叹服的展示，显示云平台的投资额及其功能的丰富性。游说结束后，那位基础设施主管称赞这个团队，且只问了一个问题："我有无法离开美国的数据，我也有无法进入美国的数据，我还有无法离开欧盟的数据，我有无法离开中国的数据，如果我用你们的服务，我怎么能确保这些都做到了呢？"

其中一位客户经理回答道："这没有任何意义，你为何愿意这样做生意呢？"

基础设施主管说道："你们看上去都不错，何不先回去，等你们解决了这个问题再来。"

正是因为这个原因，大型企业不愿意使用公共云服务（尤其是基础设施领域）。他们认为公共云服务供应商还没有想到如何提供企业级合规性、适应力及安全性，我们的调查也支持了这一点。平均来说，因为安全担忧，公司推迟使用云计算的时间近 18 个月。在很多次采访中，我们都听到 CIO 及 CISO 担忧，恶意软件能从别的公司的公共云托管虚拟服务器中横向移动到自己的公司，因为它们都在同一个基础设施上运行。

不过，如果公司实施相应的机制来将正确的工作负载转移到合适的云服务上，那么在继续保护重要信息资产的同时，完全有可能提供令人振奋的可用功能的。

如此，IT 团队不能持绝对反对云服务的立场。鉴于供应商们在新功能及成本控制上的资源投入，尤其是在我们撰写本书时正经历一场价格战，未来对这类服务的需求将继续强劲。结果，一直试图阻止使用公共云服务的 IT 团队就会处于颇具挑战性的位置。一方面，商业伙伴会认为他们是障碍——为那些一直认为网络安全阻碍价值创造的人获取利益。另一方面，鉴于公共云服务易于获取，终端用户甚至应用程序开发人员将简单地绕着或忽略企业政策行事。若有信用卡的用户访问公共云，却没人指导，他们会选择安全功能较弱的服务，并使用这些服务，而对此，企业并没有采取额外的安全控制措施。

能在保护组织机构重要的信息资产的同时，通过提供公共云服务来支持创新，这样的方法需要考虑以下四个因素。

（1）信息资产的敏感程度。如我们在本书前面所提及的，企业数据的敏感程度有很大的差异。一些工作负载处理非常敏感的客户信息或 IP，一些处理重要信息，但是泄露这些信息不会产生严重的商业影响[13]。如果确保只有不敏感的工作负载转移到公共云了，会缓解网络安全管理人员的担忧。

（2）特定公共云服务的安全功能。对于公共云服务来说，其安全模型也有着巨大差异。在比较低级的一边，安全实践可能会被礼貌地形容为"消费级"，另一边，我们看到供应商使用强有力的边界保护、加密静止数据、对操作员如何及何时能访问客户数据实行严格控制。因此，选择正确的供应商极为重要。

（3）内部类似功能的安全性。当企业询问网络安全团队公共云服务的安全性时，得到的回应肯定是"与什么相比"。很多时候，公共云服务可能比公司战略数据中心的服务要更具风险，但是，它同时又比内部区域 IT 团队托管的、多年缺乏资金支持的类似服务要安全得多。

（4）对公共云服务的潜在改进。很多初创公司竞相开发技术，通过对传送到云供应商或整个云会话的数据进行加密，让企业可以安全地使用公共云服务，并且允许企业保留解码所需的密钥。

一家寻求开发云策略的运输公司识别了所有经营业务所需的工作负载，按照关键需求，包括所处理数据的敏感程度，对每一个工作负载进行了评估。接着，该公司可以将每个工作负载映射到一个托管模型：传统托管、私有云、软件即服务（SaaS）或公共云基础设施（见图5-3）。对于可以托管在SaaS或公共云基础设施的工作负载，该公司识别特定的、在安全方面可以至少匹配其自身内部功能的供应商，接着，审查可让额外软件运用于公共服务的方法，以更多地提升安全性。

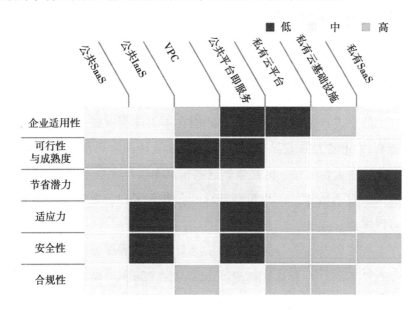

图5-3　如何评估公共云服务与其他选择

在应用程序中构建安全性能

此前，当员工在单位内部工位上访问企业应用程序时，应用安全便没有那么重要了。如今，公司无法控制这种明显的传统实体企业边界了，具有较高功能性的应用程序可被客户及员工访问，因为他们都希望任何时候、任何地点都可访问。结果就是，黑客可以利用应用程序级攻击，通过提供进入应用程序路径的网络浏览器来进入应用程序。例如，在公司的在线银行应用程序中，由于开发者通过浏览器栏暴露了敏感数据，结果黑客可以从银行挖掘到客户数据。

对于外行人或者没有IT背景的董事会成员来说，这听上去是开发人员犯下的基本错误。实际上，是因为应用开发人员不懂得如何写或测试安全代码；大多计算机专业课程不要求很多信息安全培训，现有的课程更像是各种实践的复选框，而非浸入式课程那样教人安全应用开发所需的解决问题的方法。举例来说，很多开发团队不遵循最佳实践，不利用库来浏览已知的代码漏洞，或作为每日构建的一部分来运行它们。而且，安全功能经常会不在议程表中，因为人手不足的团队跑去实现业务功能了。甚至情报机构要求取消严格的密码功能的优先级，这样时间可以用来改进应用程序的用户界面。

此外，很多公司的身份和访问管理（I&AM）功能较弱，这一功能可以验证哪些用户可以访问什么应用程序。应用程序可能利用自制或过时的 I&AM 及一系列不同的功能，这样，实施常见的密码策略就更难了，这要求用户记住一系列密码。一家工业公司发现，资深管理人员不得不使用多达 20 个密码；一些人把密码记在笔记本上或保存在电脑文件里就不足为奇了。

IT 的最后问题是遗留应用程序可早于开发安全代码实践的日期。一家保险公司对网络安全设置进行评估后发现它很好地保护着新的应用程序，但是应用程序的待办事项列表中数量达到几千，无法得到安全保护和有效利用成本。

虽然，比起解决网络或终端设备等其他技术问题，提高应用程序级别的安全性可以是更具挑战性的组织变革，但一些公司已经找到有效的实践，可以帮助它们改善情况：

- 把对安全编码实践和解决安全问题的指导合并到从开发培训中，且从员工入职第一天开始就这样做；一家金融机构将开发者培训时间的 1/4 用于安全相关问题的培训。
- 把丰富的安全工具和（用于代码扫描、安全监控及 I&AM）应用程序界面（application program interfaces，API）构建到开发环境中去，这有助于开发人员用于保护应用安全的额外时间最小化。

- 利用渗透测试不断挑战应用程序组合。一家银行有一个由50位安全专家组成的团队，他们只负责像攻击者那样努力"非法"闯入该公司应用，其他什么都不做。

- 创建敏捷团队，将其作为推动改变的强迫手段，并确保安全需求被纳入敏捷方法学中。

或许，最为重要的是，认真对待精益应用开发。把精益运营技术应用于应用程序开发及维护，这可提高20%～35%的生产力，同时，这还能通过较早地召集起所有利益相关者、稳定需求、在开发与维护过程中把质量放在第一位，来降低应用程序中的安全漏洞[14]。

近乎无处不在的终端用户虚拟化

虽然网络攻击者拥有各种创造力与智慧，但在很多攻击中，一个常见的情况仍不变的是他们的起点：攻击者给某公司一位职员发送网络钓鱼电邮，当这名员工点击了链接，他被带到一个网站，该网站可在员工设备上安装恶意软件，这时，攻击者就进来了。

网络安全团队曾经依赖于杀毒软件来保护台式机和笔记本电脑免受恶意软件的侵袭，但是两方面的发展降低了这个模型的有效性。恶意软件技术的进步，意味着越来越多的恶意软件可以从杀毒软件身边偷偷溜过去，并且随着员工期望在任何地方都能工作，公司必须管理带有新型安全隐患的新型客户端设备，特别是手机和平板电脑。结果，技术先进的企业机构不得不转至虚拟终端环境，在这个环境中，传统终端和移动终端用户设备只是简单地显示信息、收集用户输入，但基本不会存储下来。

曾经，领导企业的CISO称，他们之所以继续使用杀毒软件，基本上出于虚荣心。过去，杀毒软件包常常拿一个软件的可执行文件与已知恶意软件的数据库作比较，以决定该软件是否安全。现在，既然网络攻击者已经开发出可随着时间改变形式的恶意软件，这种与黑名单作比较的方法变得不再有效。结果，很多 CISO 称，他们继续付钱购买杀毒工具，几乎就是为了安抚监管机构，或只是为了万一能阻止其他方式不能防止的简单攻击。当美国著名杀毒工具开发公司赛门铁克的主管在《华尔街时报》上发表的文章中宣布杀毒模型已死，有关杀毒效果的讨论终于结束了 [15]。

随着杀毒工具在台式机和笔记本上的有效性变弱，企业移动化的兴起呈现出了全新的挑战。回溯至 2009 年，没人知道何为平板电脑，如今，平板电脑非常普遍，住豪华套房的人们用它，移动化专业人士也在使用。到 2017 年，在近 4 亿台平板电脑的全球市场上，企业购买量将占近两成 [16]。

我们听到 CISO 一次又一次表达出担忧，他们担忧把智能手机和平板电脑连入企业网络的软件的不成熟与脆弱。集成来自多个不同供应商的移动设备管理、虚拟私有网络（VPN）及其他软件可为攻击者创造出可加以利用的缝隙。此外，在企业环境中使用移动设备所需的复杂人工过程，增加了这样的可能性：安全政策在任何给定的设备上不会得到正确实施，这可为攻击者创造额外的落脚点。带上自己的设备方案（员工将自己的平板电脑及智能手机用于工作目的）及令人眼花缭乱的设备和客户端 OS 版本的大量产生（尤其是在安卓生态系统中），让安全操作更加难上加难。

这些挑战不仅激化了面向移动化与促进创新间的矛盾，还激化了移动化与确保设备和网络安全的矛盾。一家保险公司的 CISO 表示在后续日子里，他多次被董事会成员叫到现场，他们首先让他保证不会发生网络破坏，然后却又抗议没有批准他们在平板电脑上浏览董事会文件。

虚拟化客户端

在虚拟化的模型中，用户设备（台式机、笔记本电脑、平板电脑或智能手机）不执行操作，只是捕捉输入、显示输出（比如视频、音频）。基础 OS 运行在企业数据中心的服务器上，该数据中心能得到有效保护，这意味着，不管用户身处在什么位置，终端用户设备总是在网络边界内部运行。通过网络过滤、入侵检测及恶意软件控制等手段，这些设备得到保护，数据保持安全。即便设备受到恶意软件的侵害，也容易清理OS。设备也没有通过 VPN 来连接企业的需要，因为 VPN 具有复杂性且缺乏透明度。此外，由于没有数据位于客户端设备上，因此，如果一个设备丢失或被盗的话几乎不构成风险。

大部分企业仍利用移动设备管理来为平板电脑及智能手机提供基本的电邮、联系方式、日历同步等服务。当用户需要在自己的移动设备上添加更为精细的服务（比如访问企业应用程序、分享文档仓储库）时，企业可能无从选择，只好为智能手机和平板电脑带去虚拟化。

不过，虚拟化不仅仅适用于移动设备。各公司日益将同样的原理应用于台式机客户端，这可以带来附加利益，尤其对用户体验来说相当重要。开始使用新的设备几乎成为瞬间即可发生的事，完整的用户桌面环境（应用程序、设置、数据）都可以随时随地伴随着用户，消除了必须要带着笔记本电脑去差旅的需要。如操盘手、工程师、数据分析员等高级用户也会发现，由于应用程序运行在强大的服务器上，而非自己的台式机硬件上，他们能享受到更快的处理性能。

在这方面，金融机构可谓引领潮流，他们很多正在将七八成的终端用户环境转移至虚拟桌面，很大程度上改进控制、降低风险。很多时候，这些银行会从高风险用户开始，比如财富管理财政顾问（他们可能是独立代理，而非雇员）。相对较小部分、经常出差的用户将继续使用传统的笔记本电脑，不过，一些 IT 高管认为，随着无线的普及以及时间变迁，即便这也变得没那么必要了。

一些最大型的律师事务所在金融服务客户的推动下也做出积极的行

动，虚拟化桌面基础结构，这也是为了控制和风险的原因。纽约一家大型律师事务所完全转移到了虚拟桌面：当一名律师在家或客户端站点从事工作，他只需要通过网络浏览器登录虚拟桌面即可。该律师事务所几年前就已经关闭了其 VPN。

我们采访的大多基础设施领导层都传达了早部署虚拟桌面的好经验，要想让性能和稳定性达到企业级水平也是容易实现的事。不过，在经济方面，各公司不能达成共识。由于后端主机成本，一些公司认为虚拟桌面与传统桌面的花费所差无几，或者说还比传统的稍微高些。然而，另一些公司表示，由于较低的安装和支持成本，它们在虚拟桌面上的花费比传统环境节省了三成，于是，它们计划久而久之要将大部分用户基础转移到虚拟桌面服务上。关于成本，之所以会产生这两种不同的观点，似乎源于虚拟桌面解决方案的不同（比如，用户是获得一台"精简"设备还是完备的笔记本电脑、每位用户分配到多少存储空间）以及后端主机环境的效率。

强制用户通过虚拟设备访问企业服务项目，会造成很不同的用户体验，很难分开他们的工作和个人信息，但是这能让企业提供极其丰富的移动服务，并对安全性感到有信心。

利用软件定义网络来划分网络

既然没有人能消除隐患，那么限制攻击者从技术网络的一个受感染节点转移至下一个的能力，就变得至关重要，这种转移被称为"横向移动"，随着企业网络环境的演变，"横向移动"变得越来越难以防范，IT团队面临着艰难的选择：防止攻击者扩大范围还是推出较多操作复杂性。

从历史上讲，随着公司企业不断加强 IT 团队，他们将企业网络融合，紧紧联系起部门网络及各种收购中获得的网络。不同网络使用不同的构架、不同的技术标准，某些时候也有不同的协议，网关和防火墙让他们彼此隔绝，这就造成了复杂性和低效率，有损网络性能。网络经理不得不手动改变配置，来安装新的应用程序，执行详细的分析，识别不同业务部门管理的站点之间通信速度慢的根本原因。

在过去 10 年里，大多大型企业都简化了网络。一家全球性金融机构从有 25 个网络变成只有两个，每年可节省 5 000 多万美元。一家制药公司建立起一个全球扁平网络，这么做的原因是，从秘鲁到马达加斯加，他们想要全球任意两个办公场所之间都能进行无缝视频会议（不用去评估在秘鲁有多少位高管要与马达加斯加的高官进行视频会议）。不过，简化网络有个弊端：会产生更多进入网络的入口点。

随着企业整合供应链与供应商，将技术能力更多地提供给客户，在他们自己与商业伙伴间创造了更直接的网络连接。这样，投资银行可以为大宗经纪业务客户提供所需的性能，制药公司可以与科研伙伴紧密合作。然而，这也给攻击者更多可乘之机，他们有机会从一家企业网络移向另一家，对于网络或安全运营团队来说，他们需要监控更多的网络入口点了。攻击者一旦进入到这个环境中，他就能看到所有其他系统，这样，他们更容易分析和搞破坏。闹得满城风雨的塔吉特受攻击一事，就是因其一个供应商而起，该供应商只想访问计费系统，却不经意间访问了销售网点系统。一旦攻击者攻击了这个供应商的安全系统，突然间便也可以访问塔吉特的内部数据，而这些数据是永远都不该对外界可见的。

一项尤为重要的潜在隐患是，安全控制本身位于它们要保护的网络上。将它们分段是最容易的一件事，有必要这么做，否则，技术先进的黑客一旦进入某企业组织的网络第一件要做的事情就是，让受攻击者没办法跟踪他。

在安全性与简化之间找到中间地带

抑制横向移动的传统方法是网络分段，但是这看上去像是缓冲步骤，还去除了网络简化可带来的一些来之不易的好处。确实，将两个业务部门服务器分成两个独立的网段会大幅降低攻击者从一个服务器移至另一个服务器的风险，但是也意味着安全团队需要改变防火墙（用他们所有时间和精力），之后两个业务应用才能共享数据。

很多公司寻求找到中间地带，实施可以提供某种程度分段的措施，主要针对的是那些最为重要的信息资产，而且，同时不带来太多的操作复杂性。一些公司确实注重保护最重要资产的一部分，比如，一家工业公司决定将网络进行划分，最敏感 IP 使用"安全性较高"的网络，其他使用安全性较低的网络。其他一些公司利用的是没那么繁重的技术，依赖于防火墙及网关来划分网络。一家银行有针对性的使用网络分段，给一些最重要的信息资产提供差别保护，他们创建了独立的网络域，来托管支持支付过程的系统，这些系统被认为是敏感的，同时，较为不敏感的 ATM 机仍在这一网络域外。

从根本上说，所有这些策略都是折中办法，既没有达到操作简易性的目标，也不足够减少攻击者横向运动风险，对此的对策就是要采用软件定义网络（SDN）。SDN 可分离决定，传输流量的底层系统从哪里发送网络流量（如来自数据层的控制平台）。就实际情况而言，SDN 可让组织机构在软件中创建一个网络，而非在底层硬件配置中创建。这意味着，网络可通过一套 API 来管理，不同的网络配置库可存储起来以便再用。

任何人都不该抱有幻想，实施 SDN 是个巨大的变革，需要投资于新硬件、新操作流程、新的管理能力，但也会带来巨大的效益，由于生产力大幅提高和利用商品化的硬件，可节省 6 ~ 8 成数据中心网络成本。由于更容易设立网络域、快速自动地分段，还非常有助于防止横向移动，这样便不必在效益和网段划分之间艰难抉择了。

利用专门的文档管理及工作流工具代替电邮

一些 CISO 表示，他们对公司保护存储在数据库中的结构化数据充满信心，但是却会因担心极为敏感信息而睡不着觉——高管们会用电邮附件形式来回相互传输。该公司数据中有越来越多的文档，很多用来保护结构化数据的控制方法不太适用，一些公司开始管控这类数据，通过创建和授权使用尖端的功能来管理敏感文档。在这一点上，很多公司需要赶上他们。

有关数百万客户记录被盗的事件通常都能成为媒体头条。这对受波及的公司是一件非常尴尬的事，然而，公司的一些最为敏感、最为有价值的企业战略信息就在文档中或仅为纯文本形式。高层管理者通过电邮分享或他们在桌面创建的图像，相互之间沟通有关并购目标、要进入的市场、经营策略、裁员、谈判、出让股权或公司的一部分等内容。经理和分析师还是通过电邮及在桌面创建的电子表格来就经营计划、评估模型、财务预测、定价策略等进行写作。一旦所有这些非常敏感的文档得以创建，他们的"归宿"要么是在邮箱收件箱，要么就在文件共享中了，这十分常见。

要保障这种文档的安全性极为复杂，原因在于，公司没有什么控制措施，无从得知有谁打开、更改及传输它们了。很多时候，所有部门都能访问存有敏感文档的共享文件夹。任何高管或经理都能访问重要的战略文档，而且可能对其敏感性不加考虑就转发给几十个人。在一家公司的环境中，一个文档出现的地方越多，攻击者就越容易找到它。内部人士威胁就更为显著了——越多的人可访问文档，就越有可能出现文档被人不当利用的情况。

在解决这个问题上取得进展的企业，已经从根本上改变了使用这样文档的员工的工作方式。律师事务所可能有着在技术方面是落后者的名声，但在解决这个问题上，他们取得了最大的进步。在客户需求的驱使下，现在，大多大型律师事务所普遍使用文档管理工具。如果一位律师要处理某位客户的问题，他就必须在文档管理平台内创建所有相关的文档。这意味着，他的同事中只有一小部分可访问其中的文档，这样就降低了攻击者获取律师凭证后产生的影响。或许更为重要的是，严格的文件管理措施，能让律师所了解到谁访问、传输、改变着客户资料，这样，内部人士就更难利用客户信息而不被发现了。文档管理系统还可向元数据插入有关文档含有敏感信息的标记。这就让数据遗失保护（DLP）工具更加容易对用户发邮件或打印文档的不当行为加以阻止。

在保护最敏感的信息方面，一些其他公司走得更远一些。一家石油和天然气公司不再利用电邮明文的形式讨论有关开采权谈判策略，而是用有数字版权管理（DRM）保护的文档，这就降低了未经授权方能看到公司为某资产的最高出价的风险。一家制造企业对传送给供应商的包含技术规格的资料实施了 DRM，这就让不当转发信息变得难多了，原因在于，因为有 DRM，如果用户没有文档创建者的授权，是无法打开、打印或复制文件的。

如本章讨论的其他安全性上的改进一样，要保护非结构化的数据，非网络安全功能部门要做出重大变革，这就是说，这么做之后不一定意味着会出现用户体验变差的情况。在每个人都会抱怨邮件超载的世界里，有多少怨气是因为单一文档一个接着一个版本积压在收件箱里？高管、经理及其他同行有多少时间花费在试图寻找文档的最新版本或从复杂的邮件跟帖中提取评论？设计良好的文档管理功能以其浏览、标记、搜索功能，能让人们很容易便找到要找的文档，协作工具让聚合与反馈变得容易得多了。这是思维方式的改变，而且一旦采纳便可证明其很受欢迎。

为实现所需的改变，与 IT 领导合作

出于很明显的原因，关注企业 IT 或把 IT 基础设施主管设定为主角的小说相对较少。《凤凰计划》[17] 是一本伪装为小说的商务书籍，类似于 20 世纪 80 年代的管理学经典《目标》[18]。《目标》描述了一位陷入困境的运营高管发现，要移除限制以便按照顾客的要求高效而有效的交付成

品，与其类似，《凤凰计划》讲述一位陷入困境的 IT 高管发现，要移除限制以便快速部署和扩充重要的电子商务平台来挽救企业。在故事的开头，CISO 自己就是最大障碍之一，不断地在发布产品前提出问题或是要求添加原始构架计划之外的额外控制。他那身过时的服装暗喻出他过时的思维。书的末尾，和其他所有 IT 高管及商业伙伴都认识到要用新方法运营一样，这位 CISO 也开始将衣柜里的衣服升级，开始作为有价值的同僚与团队其他人合作。

多年里，该书作者可能还因与安全团队的一些争论而感到伤心，但是那名 CISO 在故事情节中的演变是一份好的路线图：网络安全团队，尤其是 CISO，应广泛地与 IT 管理团队同事协作。本章所述的改进方法中，没有一个是只凭 CISO 发起和安排就可完成的，负责应用托管、应用开发、企业网络、终端用户服务等的高管都必须一起推动变革。安全团队有权利和责任发起关于 IT 的结构性问题会引入安全隐患的讨论、参与重要举措的商业论证的判断、从一开始就塑造新构架以确保这些架构可受到保护、在发掘让 IT 更快更有效的新方法中成为其他高管的思想伙伴。CISO 还需要通过支持对 IT 人员进行技术安全培训、让安全管理者共同参与应用与基础设施决策、跟踪解决技术漏洞的进展报告，来鼓励在企业中实现更有适应力的文化。

● ● ●

不安全的应用程序代码、没有打补丁修复的操作系统服务器、扁平网络构架——典型的企业技术环境充斥着安全隐患。然而，已经出现新兴的技术模型，特征是更高效的精益应用程序开发过程、云托管模型、虚拟化客户端、软件定义网络。相比如今大多数公司的现状，这些模型有潜力改进效率、灵活性及安全性。

除了风险管理及交付成品，网络安全也有发挥影响力的责任。一家企业的整体技术构架会深远影响在继续推动技术创新的同时保护自身的能力，这样，积极且有目的的将这些责任指定到 IT 组织其余人员，将对实现数字化适应力是一个重要因素。这自然需要 CISO 及网络安全团队与 IT 团队其他人员紧密而有效地合作，也需要 CIO、CTO 及其他资深技术高管优先考虑投资于更强健的构架，这有时会以牺牲战术性业务发展要求为代价，另外高管们还要在整个 IT 环境中努力创建风险管理与适应力文化。

注释

1 私有云是高度标准化、高度自动化、高度虚拟化的托管环境，其动态配置与容量管理可效力于某一特定企业，不与他人共用或共享网络访问。

2 Andersson, Henrik, James Kaplan, and Brent Smolinski, "Capturing Value from IT Infrastructure Innovation," *McKinsey & Company Insights & Publications*, October 2012. www.mckinsey.com/insights/business_technology/capturing_value_from_it_infrastructure_innovation.

3 在本书中，工作负载是指在物理或虚拟服务器上运行的应用程序或应用程序的组件。

4 Schneier, Bruce, "Heartbleed," *Schneier on Security*, April 9th, 2014. https://www.schneier.com/blog/archives/2014/04/heartbleed.html.

5 Grubb, Ben, "Heartbleed Disclosure Timeline: Who Knew What and When," *Sydney Morning Herald*, April 15, 2014. www.smh.com.au/it-pro/security-it/heartbleed-disclosure-timeline-who-knew-what-and-when-20140415-zqurk.html.

6 Secunia, "*The Secunia Vulnerability Review, 2014.*" http://secunia.com/vulnerability-review/time_to_patch.html.

7 Bell, Lee, "Ineffective Shellshock Fix Means Hackers Are Still Exploiting Vulnerability," *The Inquirer*, September 29, 2014. www.theinquirer.net/inquirer/news/2372788/ineffective-bash-shellshock-bug-fix-means-hackers-are-still-exploiting-the-vulnerability.

8 Microsoft, "Windows Update FAQ." www.microsoft.com/security/pc-security/updates-faq.aspx.

9 Bass, Dina, "Six Things You Need to Know About ATMs and the Windows XP-ocalypse," *Bloomberg*, April 4, 2014. www.bloomberg.com/news/2014-04-03/six-things-you-need-to-know-about-atms-and-the-windows-xp-ocalypse.html.

[10]Grimes, Roger A., "Stop 80 Percent of Malicious Attacks Now," *InfoWorld*, July 23, 2013.
www.infoworld.com/article/2611443/security/stop-80-percent-of-malicious-attacks-now.html.

[11]配置包括部署新的或更新应用程序所需的所有活动，包括安装底层物理服务器（如果需要）、创建虚拟服务器（如果需要）及与企业网络的连接、安装和配置所有所需的软件。

[12]服务器虚拟化将一个物理服务器划分为多个逻辑服务器，每个都有自己的操作系统，因此可以同时可靠地运行多个应用程序。

[13]Kaplan, James, Chris Rezek, and Kara Sprague, "Protecting Information in the Cloud," *McKinsey & Company Insights & Publications*, January 2013.
www.mckinsey.com/insights/business technology/protecting infor-mation_in_the_cloud.

[14]Kinder, Noah B., Vasantha Krishnakanthan, and Ranjit Tinaikar, "Applying Lean to Application Development and Maintenance," *McKinsey Quarterly*, May 2007.
www.executivesondemand.net/managementsourcing/images/stories/artigos_pdf/produtividade/Applying_lean_to_application_development_and_maintenance.pdf.

[15]Yadron, Danny, "Symantec Develops New Attack on Cyberhacking," *Wall Street Journal*, May 4, 2014.
www.wsj.com/news/articles/SB10001424052702303417104579542140235850578.

[16]Donovan, Fred, "Forrester: Enterprises Will Make 18% of Tablet Purchases in 2017," *FierceMobileIT*, August 6, 2013.
www.fiercemobileit.com/story/forrester-enterprises-will-make-18-tablet-purchases-2017/2013-08-06.

[17]Kim, Gene, Kevin Behr, and George Spafford, *The Phoenix Project: A Novel about IT, DevOps, and Helping Your Business Win*. Portland, OR: IT Revolution Press, 2013.

[18]Goldratt, Eliyahu M. and Jeff Cox, *The Goal: A Process of Ongoing Improvement*. Great Barrington, MA: North River Press, 1992.

第 6 章

采取主动防御措施对抗攻击者

企业可以保护自己的重要资产，并在整个企业范围内实施安全策略与安全构架，以使风险最小化，但即使如此，攻击者也依然存在。攻击者的资金日益充足、技术越来越先进，并受到旺盛的市场需求的支持：恶意软件及渗透攻击工具很有市场，攻击者可利用一切旨在摧毁企业防御的新手段，例如复合攻击（multistep attack）、错误引导及更隐蔽的恶意软件等 [1]。如此一来，企业的网络安全措施必须从被动转为主动防御。

被动防御的意思是，采取防护措施让攻击者远离敏感信息资产。在被动防御模型中，企业利用安全操作中心（SOC）来监控和管理防御措施。军事上的马其诺防线，第二次世界大战中位于法国与德国边境的防御工事，即属于被动防御策略。

主动防御的意思是说，在攻击者造成破坏之前就开始采取措施对抗攻击者。英国皇家空军就曾采取过主动防御措施，他们利用新的雷达技术来识别当时还在英吉利海峡上空的纳粹德国空军，发布预警以防范袭击，预警让皇家空军可以在敌军来到英国之前就派遣作战飞机破坏潜在的空袭行动。

传统的 SOC 提供的基础被动防御能力是非常有必要的，但企业也需要打开自己的先进雷达，创建积极的防御工事来对抗攻击者，收集情报、转移攻击者对有价值资产的视线、实时调整防御措施。攻击者自然不会等待企业准备完毕再发动攻击，因此企业需要在设立基础 SOC 防御能力的同时，找到对抗攻击者的主动防御措施。

被动防御措施的局限性

企业开始创建 SOC 时，需要处理如洪水般涌来的安全数据，这些数据由完全不同的系统、平台及各种应用程序生成，包括业务应用、I&AM 平台到防病毒工具、IDS 设备及防火墙的数据[2]。在某种程度上讲，企业是把所有信息整合至安全事故及事件管理（SIEM）工具中，这些工具可提供聚合、关联、报警及报告功能[3]。

当感应器检测到某个已知有害的操作签名时，会触发 SOC。这个有害的操作可能是访问请求，该请求可能来自网络犯罪有关联的因特网协议地址，或与嵌入了已知恶意软件签名的代码有关联。当警报响起时，分析师会对其做出判断：警报意味着出现了合理威胁还是假警报。这种鉴别分类工作，占据分析师高达七成的时间。如果他们认为存在真正的风险，那么风险会被上报，由具备适当级别专业知识的 SOC 分析师来解决。

简而言之，SOC 分析师对警报进行评估、过滤掉误报情况、判定严重程度并请求针对该问题采取修复行动，比如对受到恶意软件感染的服务器进行重镜像。有时，SOC 团队可能会建议企业发起应急响应程序，以应对损害敏感数据的严重攻击[4]。

实施了 SOC 的企业，因 SOC 而收获了巨大的价值。往往恰是在建立 SOC 的过程中暴露出企业边界防御中的空白，需要加强防病毒能力、网络过滤、入侵检测及防火墙基础设施[5]。SOC 一旦启动并运行起来，它就集合起安全数据和专业技术，这意味着企业将遗漏掉较少的安全事件并能及早捕捉到它们。如今，SOC 管理服务已出现强劲的市场，很多企业选择外包而非自己创建 SOC。

虽然，SOC 有助于降低风险，但是，它也有很大的局限，尤其是面对目的明确、经验丰富的攻击者时。只有当网络感应器检测到并发布警报后，分析师才会介入，接着，他们要对每个警报付出同等的精力来做出响应，这就意味着，他们浪费了大量时间用于过滤掉假警报，而这些时间本可用于解决真正的问题。很多机构没有足够的人手解决问题，甚至大部分机构没有足够的分析师来检查发生的所有报警，这就是说，最终网络感应器会被调整到只生成分析师所能够忙得过来的警报数量，这样有很多潜在的事故根本没有得到详细检查。即便是如今先进的分析方法，也不可能实时阻挡检测到所有潜在的严重威胁。

SOC 操作依赖于工具，但如果工具配置很低，就不会检测到应发现的所有问题。并且，实际上，技术最为先进的攻击者已经知道如何规避最为常见的安全应用程序了。很明显，企业的安全网出现了较大漏洞。

不过，或许 SOC 最重要的局限性在于，SOC 的工作原理是查看已知恶意软件的特征标记。这一基于签名的方法不会防范零日漏洞，因为该漏洞根本没有已知签名。即便企业坚持不懈地更新病毒定义、保持整个网络的良好卫生习惯，攻击者仍可利用新的零日漏洞及钓鱼式攻击等新技术来攻陷或回避基于签名的防御措施。一些黑客已经掌握了先进的谍报技术，而且黑市上充斥着先进的工具，这就要求企业必须防范更广的敌人。举例来说，在 2013 年，安全公司 Secunia 报告称，25 种最为常见的软件程序中带有 9 个零日漏洞 [6]。假设供应商每月发布一次补丁，依赖于基于签名的方法的企业一年中会有 270 天暴露于此前未知的威胁之下。

最后，基于签名的方法还有一个局限：无法解决日益增多的内部人士威胁。内部威胁包括操作员错误（比如未能更新病毒定义、维护防火墙）、用户错误（比如点击了邮件中错误的链接而遭受鱼叉式网络攻击）、由一系列动机激发的恶意行为等。如同应对很多外部威胁一样，要缓解这些内部人士威胁，企业 CISO 们必须采取主动防御措施。简而言之，要应付当今的诸多网络安全威胁，SOC 是严重不足的，企业需要部署主动防御措施来对抗攻击者。

了解敌人，采取相应的措施

主动防御措施采用人工和自动化相结合的方式，不仅要检测攻击，还要能蒙蔽、阻止和控制攻击者。这意味着有些时候，如发现攻击者出现在网络中时，阻止并驱逐他们，而另一些时候，这意味着在网络中主动与攻击者交锋，以监视攻击者的行为，获取更多关于他们的操作方法的情报，让攻击者保持忙碌状态以便不会造成伤害。这也意味着，企业将有能力实时调整防御措施来阻止即将到来的攻击。

尽管如此，主动防御应不包括发起针对敌人的黑客行为。似乎网络义警行为是个有吸引力的报复方法，但是，在大多司法管辖地这是非法的。另外，鉴于存在攻击归因的挑战（部分原因是攻击者使用的是其他人的基础设施），反向黑客很容易攻击根本不知情的第三方，这会给企业带来法律后果和名誉损伤。

采取主动防御措施有三个明显的好处：①可以充分利用现有人手；②企业可以着重对付威胁最大的特定黑客；③可以利用基于假设的方法，比起基于签名的方法，这种方法可让安全团队制定出更好解决方案。拥有有价值数据、会计或财务系统的任何一家公司，只要连接至网络，都会假设自己会成为攻击目标，很多时候，它们会被渗透，在这样的时候，主动防御措施是更为先进的防御策略。

采取主动防御策略意味着采取以下措施：

（1）拥有最新情报。

（2）缓解内部威胁。

（3）在企业内部网络中与敌人交锋。

（4）与他人联手缓解外部威胁。

每个因素都需要企业在技术与能力上进行投资，正如企业要努力提升基本网络安全及应急响应能力一样，企业要积极实施以上四点，并将它们整合进全面的主动防御项目中去。

拥有最新情报

在数量上唯一比网络安全威胁增长速度要快的是可提供有关威胁信息的企业数量。有这样一种趋势，企业开始求助于国家机关及商业运营商等第三方，以获取更多关于网络安全威胁的信息。然而，大多公司缺乏内部资源来分析信息的良莠，或者更为重要的是，没有能力利用这些数据来制定有效的运营决策。

拥有强大主动防御项目的企业，需要发展内部情报职能部门，并与网络安全运营团队相结合（见图6-1）。情报部门具备5个因素（一般被称为情报周期）。

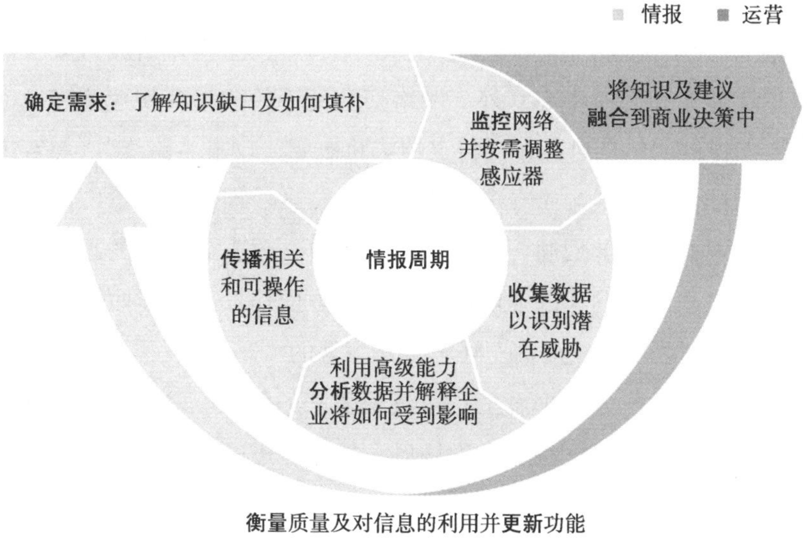

图 6-1　将前瞻性的网络情报职能与网络安全运营团队结合

　　情报周期中的第一步是确定需求。在网络安全世界里，需设定一些基于知识和经验的假设：就你所在企业最有可能面临的威胁、哪些攻击者有能力和意向对你们进行攻击、攻击者一般会采用什么样的技术。上面的这些问题有助于情报部门识别出其情报缺口，即为了有效识别并对抗敌人而所需的特定信息，而该部门尚未掌握。

　　一旦知晓需要什么样的信息，威胁情报团队需要找到正确的内部和外部来源，以获取这些信息。在企业内部，需要安装网络感应器来检测可疑活动的特定标记。要达到这点所需措施或包括设置 IDS，寻找已知攻击者的典型战术、技术和攻击过程（这三者英文首字母缩写为 TTP，网络安全术语，相当于其他形式罪犯的作案手法"MO"）的特定标记、监控内部用户行为以识别潜在的网络破坏形式。其中，应优先考虑的是，利用大量的网络感应器，对与企业最担心对象的最为相似的 TTP 做出预警，来注重保护最有价值的信息。为识别攻击者，诱惑他们使用额外的工具，先进的企业还会雇用"狩猎"团队、创建内部迷惑性沙箱（对此本书后面内容还会涉及），以此来获取更多攻击者的 TTP。

　　随着第三方供应商、政府机构、行业协会（如金融服务领域的金融服务信息共享和分析中心 FS-ISAC）越发成熟，这些开始成为威胁信息的集中存储库和交换中心，外部网络安全情报的数量在快速增加。上述团体所能提供的信息可能包括特定的威胁概要、攻击"路线"（黑客进入企业网络的特定路线）或有关威胁的情境信息。现实世界里广泛的信息能帮助企业机构了解威胁、攻击者及其动机、攻击者所在的政治和法律环境，情报团队要确保既能够收集到技术方面信息，又能收集到这些情境信息。有前瞻性的企业甚至还直接从黑客的"暗网"（黑客售卖攻击工具、分享漏洞信息、攻击者工具包及用盗来的信息获利的地下网络）中收集威胁信息。进入这些黑客论坛后，技术先进的企业可直接从敌人处收集威胁情报。

　　获取信息只是情报的一部分，分析信息是关键步骤。为了从信息中获得见解、情境及行动，敬业的分析师必须仔细研究数据。这种类型的分析活动的目的是让各种行为相互关联，形成当前威胁和预期威胁的观点。在面临风险的企业里，它能为内部决策者提供有关风险的认知，能为防御者提供一系列信息，让他们实时地解决风险，还能让企业确定行动优先级以便有效地部署防御措施、对情况充分了解的基础上做出决策。简而言之，情报推动下一步行动。

情报周期中的最后一段圆弧是传播情报。传播方式可能包括战略威胁公告，帮助企业领导做出有效的业务或投资决策。传播方式还有警报，帮助网络安全团队调整决策或至关重要的战术通知，促成在网络上的直接行动（比如关闭一个端口、阻止一个 IP 地址或针对网络上的实体采取直接措施）。

网络情报部门的职能不仅是收集威胁信息、开展战略威胁评估，还应能猜测最有可能使用的入侵工具和最有可能的目标对象。这些猜测不断更新，指导网络安全专家去关注他们需要关注的点。随着网络情报部门的发展日益成熟，企业机构可以将这些猜测逐步细化到那些攻击自身网络的威胁信息上。所收集的情报可能不足以把恶意行为归于某一特定的角色，但是不同对手的 TTP 能够明显区分他们，使网络安全人员能够对每个已识别出的攻击者采取定制的防御措施。

技术最为先进的企业机构能收集足够的信息，来针对每个敌人设计出行动方案，整合起来就形成企业整体防御活动。要想持续成功防御，有赖于持续更新情报并相应地调整行动方案。为进一步改进防御活动，安全分析师要审查每个行动方案执行结果，将新的观点加入有效对抗每个敌人的行动方案中。

通过这种方式让威胁情报发挥作用，需要业务运行方式也有所变化。传统上是把情报填入 SOC 平台中，但这是无法完成工作的，原因在于不管每条情报对企业的适用性如何，传统方法都会基于每条情报来触发警报，让企业不知所措。更为重要的是，传统方法不能把重点放在网络安全运维人员的行动上，没有评判情报质量以及额外发现信息补充情报内容的反馈机制。企业需要把情报分析人员融合进网络安全团队，以促进相互了解，帮企业更快地做出决策。

随着内部传感器和外部威胁情报源逐渐增多，企业需尽快采用高级自动化分析方法，以免淹没海量信息中。鉴于人类还不能从噪声中分离信号，很多机构为发现异常现象，采用将已知事件与未知事件相关联的复杂算法。例如，在塔吉特遭袭击事件后，媒体大量报道最初识别到一些遭袭击的迹象，但是安全运营团队忽视了这些信息，就是因为这些信息淹没在大量没有实质威胁的警报之中了[7]。

缓解内部威胁

很多公司都关注外部威胁，大部分防御措施都是针对外部人员的。默认的是，外部人员不被信任，而内部人员是可信的，而且必须要信任。从可以接触原始数据库的系统管理员，到可访问使用记录和凭证的网络安全人员，再到可访问客户数据的客户服务人员，内部人员需要访问敏感信息才能完成本职工作。内部人员不仅能访问敏感及有价值的信息，而且掌握了内部其他相关资料来定位和利用这些信息。如前所述，获取有价值资产的最简单方法就是早晨佩戴标识的雇员走进公司大楼、利用有效的身份证件登录安全系统。

很多公司开始意识到，出于多种原因他们对缓解内部人员威胁的投资是不足的。媒体往往会关注外部、海外的攻击者，而解决内部人员带来的威胁要更难，需要更加深入了解业务流程并与业务伙伴合作。此外解决内部人员威胁时会引起人力资源（HR）部门不高兴，尤其是在强调信任文化的企业里。

在可访问关键数据系统的内部人员中，企业需要提防以下三类人员：

①行为不当的内部人员。他们不了解安全协议，忽略网络安全策略，出现操作错误导致敏感数据被破坏或网络变脆弱；②被劫持的内部人员。他们的身份凭证受到外部人员的攻击，作为内部人员他们能给外部人员同等的访问级别；③心怀恶意的内部人员。为了谋取私利，这类人员会偷盗或破坏数据。企业必须采取主动防御措施处理好三类内部人员。

行为不当的内部人员

内部人员可能很轻易地（这种轻易令人感到吃惊）把带有秘密信息的文件一不小心发送给客户、供应商或其他第三方，接着敏感邮件被再次转发给几十个、几百个人，而后者根本不需要阅读这些信息。内部人员会用 USB 下载文件，上传到消费级别网络服务上，而这些网络最多也只有模糊的安全策略。

本书第 4 章所阐述的改变思维模式及行为的所有机制自然非常重要，但是这些机制必须要有操作模型的支持，来识别错误的行为和举措。

数据泄露保护（DLP）工具可阻止敏感数据通过邮件被发送到外部、上传到网络、下载到外部 U 盘等设备，甚至是被打印出来，这些都有助于防止不谨慎的员工不当地分享信息。对于高度结构化的信息，比较容易实现，例如，通过设置规则策略告诉 DLP 工具寻找客户账户数据。

防止非结构化数据丢失则更为复杂，需要高级的网络安全分析法。商业计划、定价策略及多种知识产权不能像社会保险号码那样通过结构来识别。例如，当一位开发人员将 Java 代码上传到网络，那么一个工具如何辨别开发人员是在为重要的开源项目做贡献，还是将高度私有的算法传到不安全的站点以便在家工作？

基于以上原因，新安装的 DLP 工具发出的九成警报可能都是错误判断。很明显，这是不可行的。网络安全分析专家需要持续参与这些过程：业务流程、分析警报、调整业务规则，这样，他们才能辨别真正的不当行为，支持管理团队。应制定措施，处理那些不能妥善保护企业信息的员工来处理经常选择忽视保护企业信息责任的员工。

被劫持的内部人员

外部攻击者经常利用内部员工的身份凭证，而内部员工往往对此毫不知情。事实上，约有八成的网络攻击都会在攻击的某一时刻盗用身份凭证。如第4章中提及的数据库管理员所发现的，点击错误的链接会让电脑上被安装键盘记录器，它可以捕捉到登录任何重要系统的账户信息及密码。

要降低身份凭证被劫持风险，改变员工思维方式及行为非常关键，但这还不足够。通常，会有超过三成的员工不能通过钓鱼式攻击测试，因此企业必须接受一个事实，即恶意软件会偷偷溜进员工的设备里。企业也不能完全指望防病毒工具来防御那些有创造力和创新性的攻击者，哪怕它是最新的工具。企业必须利用主动防御技术来识别员工身份信息已被劫持的异常现象，并能进一步调查和响应。

这时，仔细分析身份及访问管理（I&AM）数据会特别起作用。举例来说，一位重要员工的账户可能从一个新的IP地址访问敏感信息，暗示着他的身份凭证有可能被劫持了。然而，这也可能意味着她在出差或正在度假。如果员工的凭证被使用的地点间相距几百英里，或者，在HR系统显示他在休假时，他的账户还一天10个小时活跃，几乎可以确定攻击者劫持了他的身份凭证。

心怀恶意的内部人员

一位员工可能会受到外部攻击者的影响，攻击者可能使用贿赂或强制的手段；员工可能觉得雇主的商业行为令人厌恶而认为应该披露出来；不过，最为常见的是，他可能在考虑来自竞争对手的招聘，想要把客户列表或定价信息带走，以便快速上手新工作。

面对心怀恶意的内部人员，影响员工思维方式及行为的传统机制会失效，采取主动防御措施变得尤为重要。企业需要开发一套能够识别当前甚至未来的恶意内部人员行为的方法。例如，如果员工访问了对他来说"范围外"（out of profile）的文件，并且在 DLP 工具前几个月的记录中有两个记录，这可能是网络安全风险标志。依赖于精确的分析，网络安全团队可建议进一步对该员工进行监控，他的经理约谈他并强调保护敏感信息的重要性，减少他的访问权限，在极端情况下，可撤销他的所有特权并考虑其职位问题。

在这里，对员工的深入了解非常重要。如果网络安全分析师能识别访问敏感信息的部分员工（比如致力于关键 R&D 项目的研究人员），并能把分析重点放在这一组人身上的话，分析师任务将更易于管理。同样，如果网络安全分析师能与 HR 合作识别哪些访问敏感数据的员工最有可能离职，他们就可进一步着重对这些人进行监控，以降低有价值的知识产权随员工离职落入竞争对手的风险。

在企业内部网络中与敌人交锋

网络攻击者可以采用很多工具和技术隐藏他们的登录和网络行为，这具有先行优势。但给我们在网络内部识别恶意操作带来极大挑战。为迎接这一挑战，企业要采取两个并行方法：①发展"狩猎"团队来识别攻击者的行为，不管它们会在网络的何处发生；②主动的管理攻击者而非简单地把他们踢出去。

在网络上捕捉敌人

内部"狩猎"团队的概念正作为最佳实践而涌现，并向中小型企业蔓延，后者也开始认可采取更为主动的网络安全措施带来的好处。

经验丰富、敬业的网络安全运营者经常清理网络，试图发现他们在情报收集阶段识别的攻击者。运营者需要有"寻找和追赶"的思维方式，不管攻击者可能出现在网络的哪个地方，都要找出他们的据点。

要想狩猎成功，运营者必须识别和分析内部使用模式、访问记录、员工行为及可疑代码。和其他同行一样，网络安全运营者要处理大数据，但是他们面对的大数据世界里，每个网络访问请求都会生成一个数据点，每次用户击键都记录在案，每个系统操作都在日志中记录。这是增强型的大数据。运营者必须找到恰当的方法来了解每天发生在网络上的成百上千万的数字互动的意义，发现异常活动，"狩猎"团队即可通过这些异常活动来捕捉攻击者。

几乎很少有企业经常仔细检查应用程序是否存在异常活动，例如恶意代码或未经授权的访问请求等。应用程序开发团队可能会在开发阶段仔细检查代码——不过，如我们在本书前面所看到的，连这也远非普遍做法——但是，对在线系统检查很少能定期开展。网络安全团队也应实际开展脆弱点评估（理想情况下，还有渗透测试、模拟外部威胁和内部威胁）。

要避免企业疲于应对诸多数据并做出有效决策，"狩猎"团队要能够提供所有数据的场景，该场景主要有以下三个来源：

（1）将威胁情报与脆弱点分析相结合。这能让狩猎团队开发出最危险的入侵战略场景。这些战略被称为网络"杀手链"，该词由洛克希德·马丁创造[8]。每个攻击者都有进入网络的典型方法，狩猎团队看到网络上重复出现 TTP 便可识别。

（2）了解异常活动的构成。企业通过总结各种工作岗位的员工计算机的行为特点，然后采用机器学习手段针对某些个人完善其计算机行为特点。编写一个异常行为列表，例如大量下载或打印敏感信息等，这是一个持续完善的过程。

（3）增强型 SOC。如果 SOC 足够先进，就能过滤掉尽量多的假警报，那么"狩猎"团队将受益匪浅，这能促进该团队着重关注可能在面对和阻止攻击者时起决定作用的行动。

掌握了这些情况后,"狩猎"团队可快速从"寻找"进入到"追赶"模式。

在网络上管理敌人

"狩猎"团队一旦在网络上识别了攻击者,他们就要做出决定,是驱逐他、阻止他的访问路径,还是主动地在网络内部对其进行管理。发现攻击者时人们不由自主的反应就是尽快地驱逐他们,然而,虽然这可能是令人满意的反应,也更容易向管理层汇报,但却并非最明智的选择。

驱逐攻击者会有两个结果:一是,他们会知道这次尝试失败了,于是就收手不再浪费时间于此;二是,攻击者知道他的 TTP 没起作用,进而作调整并会再次尝试攻击。然而,对于攻击者的这两个情况,企业都无法得到有力情报。此外,攻击者可能这次只使用了一两种工具来进入网络,保留了更为有效的工具以备在以后的杀手链中使用。那么驱逐攻击者的做法就意味着防御者无从得知他们还有什么工具,也就无法防范未来的攻击。

因此,采取了正确的主动防御过程的企业应避免驱逐攻击者的冲动。与人们直觉相悖的是,保留他们在网络内部会更具价值。最基本的,企业可部署"蜜罐"(honeypot)和"焦油坑"(tar pit),以期让敌人忙碌起来为企业争取时间。这些静态技术日益流行起来,至少在敌人意识到自己被抓住之前是有用的。

蜜罐是许多配置为吸引黑客及其软件(如恶意软件,包括僵尸网络)的计算机,可让企业了解攻击者的技术,且不将任何关键资产置于风险中。设计精良的蜜罐中不包括任何有价值资产,而是看上去有罢了。一旦蜜罐遭感染或攻击,蜜罐管理员可从安全的控制环境里记录和监控黑客的行为。其中包括,评估攻击者扫描搜索、获取访问权、保持访问权、利用目标的方法，最重要的是，当攻击者获取了想要的信息（或者说他们认为自己获取了）后，他们离开机器和网络时如何掩盖行踪，这可用于开发对抗攻击者的措施，保护真正的网络。只要应用得当（比如不出现伪造或操作上不适用），相对于这些的成本来说，蜜罐的益处可是极大的[9]。一些公司走得远些，他们会部署多重蜜罐网络，对最重要资产的主动威胁进行连续不断的监控和情报收集。

焦油坑用于放缓网络扫描搜索或已知恶意角色或代码。焦油坑是网络服务或服务器的集合，这些服务或服务器旨在降低或拒绝已知或已识别出的恶意网络通信。正常的网络通信会有较小的预料之中的拖延，但是焦油坑会提高这种拖延，超出预期的阈值，放缓通信以分析、威慑或拒绝。焦油坑的方法应用得没有那么普遍，这需要掌握网络有关的已知攻击信息，威胁情报团队要付出很多。

焦油坑是对抗敌人的静态方法的一个示例，而下一代网络安全防御者会利用迷惑性沙箱来动态地对抗敌人。迷惑性沙箱是一个并行的网络环境，它在攻击者看来就与企业的真正网络并无二致，只是该网络与真正网络完全隔离，里面也没有什么有价值的资产。迷惑性沙箱由蜜罐概念演化而来，然而，蜜罐是作为被动措施来骗攻击者对虚假目标进行攻击，而分散注意力的诱惑性沙箱旨在让网络安全团队主动对抗攻击者，既让攻击者忙碌起来，又获取更多关于攻击者的情报。

运营者一旦在实际网络上发现了攻击者，运营者就会把他引到沙箱里，接着他就会认为自己没有被发现而自由部署自己的工具。这时，恶意代码开始"呼叫本部"给予指示，确认与先进的恶意软件相关联的远程服务器，此时，攻击者仍以为没有被发现。然而，实际上，沙箱管理团队正在观察他在使用的工具，并完善其 TTP 情报，提升未来防范这个攻击者的能力。

采取这种技术的一家企业可同时管理超过 30 个针对攻击者的作战任

务，让每个黑客都认为自己没被发现并偷取了高度敏感的数据。事实上，他们受到持续的监控，且什么也没偷到，拿到的只是企业植入的无用数据而已。这家企业曾在 5 个月时间里对一名黑客进行管理，这段时间里，黑客不会对企业有任何危害。这期间，除了黑客进入网络的方法，企业还识别出黑客的 19 种工具，现在企业可利用这些信息来保护真正的网络。如果一开始发现这名黑客的时候，企业就立刻驱逐他，他们就会失去这些优势，这是重要的机会成本。

与他人联手缓解外部威胁

虽然，通过发起对黑客的黑客行为以示报复风险很高，也经常是非法的，但是一些企业会通过与安全机构、执法机关及民事法庭等第三方合作来提高防御能力。

很多与国家重要基础设施建设（如航空航天及军工企业、公共事业、研发机构）有关联的私营企业正努力促进与国家安全机构的联系，这些机构或能够采取措施对付敌人。例如，联邦政府发起一次志愿活动，其中政府会提供敏感的信息，这些往往是对美国的威胁来说还是机密的信息。

于是，就会有国防部（DoD）数据驻留在或经过符合条件的企业网络。这个项目也允许这些企业利用 DoD 边界防御系统的诸多元素，包括机密的威胁签名。很多政府部门及机构曾经或正在发展类似的活动来分享威胁情报和保护系统。

其他大型公司主动与国家安全机构合作，不仅仅是为了促进信息共享，而是抵制为攻击者提供安全避风港，例如，许多大型银行有专门负责与国家安全机构建立友好关系的员工，以期银行能提供给政府机构信息，让后者实施攻击性的网络安全措施，而这些措施是私营部门组织机构无法使用的。

社交网络 Facebook 曾与当地执法机构合作，摧毁了名为 Lecpetex 的恶意软件分销组织。Facebook 识别出盗用用户账户的恶意软件，该公司为警方提供了这些敌人的具体信息，这直接导致传播恶意软件的服务器被捣毁 [10]。

其他一些机构利用民事诉讼来扩大主动网络安全防御措施。最著名的例子之一就是微软公司，2012 年该公司赢得了一项法庭指令，允许该公司控制一个出售盗版的 Windows PC 的网络域名，而这些 PC 上预先安装了恶意软件 Nitol，这一恶意软件能让攻击者远程控制系统并从事盗窃、欺诈等恶意活动。于是微软公司从源头便压制了该僵尸网络的活动 [11]。

$$\bullet \ \bullet \ \bullet$$

企业为安全控制所做的一切投资活动都要有稳健的网络安全操作模型的支持。运行良好的 SOC 固然重要，但传统 SOC 所提供的被动防御措施无法应付来自日益坚定且有创新性的攻击者的挑战。

要保护信息资产不仅需要基本的 SOC 性能，还要有主动的防御措施来检测、诱骗、阻止和管理外部及内部攻击者。很多企业仍在创建或完善 SOC，确保防火墙、IDS、防毒系统、SIEM 平台等基本工具套件，企业还雇用了与以上相互影响的网络安全分析师。主动的防御措施需要这些基本工具、丰富的分析平台及精细的网络安全分析师之间更为紧密的融合，以获得对攻击者的深刻洞察力并对要采取的行动给出建议。

实施主动防御策略将需要企业大幅改变安全管理流程及机构设置。从最低限度来讲，需要传统 SOC 与威胁情报团队结合，旨在缩短安全决策周期，针对攻击者进行实时操作，这可能需要重组外包 SOC 合同与流程流。整合程度更高一些的方法中，网络安全职能部门可能选择与带有支持运作结构的具体对抗威胁活动紧密合作，快速做决策、做出改变。

鉴于富有经验的网络安全人才的稀缺性及高昂成本，自动化尽量多的过程便尤为关键，这样员工可将自己的专业知识应用于最高优先级的问题。例如，自动化基本分类功能，能让网络安全专业人员去从事"狩猎"和与敌人交锋的更高价值任务中去。

要想采取主动的防御措施还需要改变思维方式，要检测并阻挡攻击者，向"狩猎"与管理攻击者转变，也需要 IT 基础设施的适度调整，允许"狩猎"团队在网络节点间搜寻敌人，允许运营团队在网络内部管理蜜罐、焦油坑及诱骗性沙箱。

虽然，创建主动防御措施最艰难的工作在于网络安全部门，但是企业其他部门也要做出贡献。尤其是，IT 管理者将需要帮助生成精细分析法所需的数据集，HR 管理者帮助在保护员工隐私与识别暗示内部威胁的活动间保持良好的平衡。

鉴于有如此多的要求，一些公司将会倾向于先走再跑——先设置基础 SOC 能力，再考虑主动防御的事情。不幸的是，攻击者已经跑起来了，他们不会等待防御者跟上他们的脚步。

注释

[1]Ablon, Lillian, Martin C. Libicki, and Andrea A. Golay, "Markets for Cybercrime Tools and Stolen Data: Hackers' Bazaar," Rand Corporation, 2014.

[2]Rothke, Ben, "Building a Security Operations Center (SOC)," RSA Conference 2012, February 29, 2012.

[3]Stephenson, Peter, "SIEM," *SC Magazine*, April 1, 2014. www.scmagazine.com/siem/grouptest/316.

[4]Pyorre, Josh, and Chris McKenney, "Build Your Own Security Operations Center for Little or No Money," *Def Con 18*, July 29, 2010.

[5]"Do You Need a Security Operations Center?" *Information Week*, Dark Reading, January 28, 2012. www.darkreading.com/analytics/security-monitoring/do-you-need-a-security-operations-center/d/d-id/1137004.

[6]Secunia, *The Secunia Vulnerability Review, 2014.*
http://secunia.com/vulnerability-review/time_to_patch.htm.l.

[7]Ragan, Steve, "Information Overload: Finding Signals in the Noise,"
CSO, May 29, 2014. www.csoonline.com/article/2243744/business-
continuity/information-overload-finding-signals-in-the-noise.html and
60 Minutes, "What happens when you swipe your card," *CBS*, aired
November 30, 2014.

[8]Hutchins, Eric M., Michael J. Cloppert, and Rohan M. Amin,
"Intelligence-Driven Computer Network Defense Informed by Analysis
of Adversary Campaigns and Intrusion Kill Chains," Lockheed Martin
Corporation, March 2011.

[9]为了确保有效性和合法性，强烈推荐由合格的应急处理人员创建和
使用蜜罐。

[10]Kirk, Jeremy, "Facebook Kills 'Lecpetex' Botnet that Turned 250k PCs
into Litecoin- Mining Zombies," *PCWorld*, July 9, 2014.
www.pcworld.com/article/2452080/facebook-kills-lecpetex-botnet-
which-hit-250000-computers.html.

[11]Krebs, Brian, "Microsoft Disrupts 'Nitol' Botnet in Piracy Sweep," *Krebs
on Security*, September 13, 2012.
http://krebsonsecurity.com/2012/09/microsoft-disrupts-nitol-botnet-
in-piracy-sweep.

第 7 章

遭遇攻击后：提升所有业务部门的应急响应能力

企业可以恰如其分地保护好重要资产，它们能确保网络安全嵌入了企业文化与系统，能设置自己的防御机制。它们能够采取到目前为止我们所描述的所有措施，但是，它们还将遭遇攻击，网络攻击也变得越来越先进，频率变高，后果更为令人惊骇。当下定决心的敌人一心要找到进入企业网络的方法时，每个拥有有价值数字信息的企业都面临着重要资产遭遇破坏或盗用的风险。

投资者会被非法入侵事件吓到，他们经常也会被企业应对甚至知晓的缓慢而感到惊讶，不足为奇的是，网络破坏会影响股东的信心。对于试图利用新的数字化商业模式的企业来说，这种情况尤为严重。逐渐地，CISO 及 CEO 开始意识到，相比网络破坏本身，对网络破坏的迟缓反应会更多地影响商业价值。知道如何应对网络攻击不是要具备良好直觉的问题，而是要靠习得和牢记于心。要达到专业水准，需要开发稳健的应急反应计划，关键的是，企业要不断地通过模拟来测试和挑战该计划。

遗憾的是，大多企业还没有准备好。它们反应被动，没有前瞻性和积极主动。尽管认识到网络攻击还会继续升级，而自己也可能遭遇攻击，但它们仍没有足够仔细地考虑如何应对，它们需要知道下一步该怎么走。

美国国防部（DoD）每年在网络安全上支出 50 亿美元 [1]，比任何其他国家都要多，然而他们仍承认自己的系统远非坚不可摧。确实，DoD 认为自己的非保密网络将会遭渗透，于是他们专注于万一有网络攻击发生时如何能维持日常操作。和所有好的军事机构一样，对于各种各样的突发事件，美国防部都制订了计划。但他们也不抱幻想自己会永远脱离麻烦或者仅凭技术就能解决所有问题，其思维方式是时刻准备好应对攻击。

本来就比国防部在网络安全上花费少得多的企业以国防部为榜样将能做得更好。不存在万无一失的系统，网络安全战也已不仅在外部打响，而且逐渐蔓延到内部。因此，思想前卫的 CISO 们开始采用检测、响应、修复的方法，企业对网络攻击的应对方式也要对市场、客户及监管者负责，这三者越来越无法宽恕企业没有准备、组织不好缺乏合作的响应措施了。

曾经传统上被用来检测漏洞的工具，如今被用来评估安全团队检测入侵的能力，比如渗透测试。例如，一家主流技术公司每三周进行一次渗透测试，但是其目的不是识别脆弱点，而是检测企业的安全团队是否能找到入侵并恰当响应。有多少家传统企业能说做到了这点？我们调查的企业中只有 55% 进行了某种系统渗透测试，其中，几乎所有测试都是旨在寻找漏洞，而非检测网络安全团队的能力。

对网络攻击的响应，IT 部门的响应通常也是最为先进的，但他们的响应只是其中一方面。在很多企业里，更大的挑战是将广泛的响应措施整合到应对安全事件，建立起持续了解以便随着时间而完善响应能力的文化。

为了解决这些问题，企业要在三个方面采取措施：①他们需要制订跨职能部门的应急响应计划；②需要持续测试该计划，通过严格的训练与作战模拟让应急措施嵌入企业；③对于真正的网络攻击，企业需要进行事后分析，以评估响应计划的有效性并做出反馈。

制订应急响应计划

应急响应（IR）计划的首先目标是，管理网络安全事件，并有效限制损失、提高外部股东信心、降低修复时间和成本，这可通过三个途径来达成：更为清晰的决策、加强内部协调与问责制、与第三方更为紧密的协作。

更为清晰的决策

一家保险公司的核心保险系统曾被恶意软件破坏，该软件偷盗公司敏感数据，CISO 单方面决定将核心保险系统与整个网络断联，然而没有意识到该系统是业务基础设施的关键部分。将其断线每天会让企业损失 2 000 万美元收入。当这位 CISO 宣布了自己的意向，业务经营负责人挑战 CISO 的权威，让其为整个企业着想做出战略性决策。两人意见不合，不知道谁有最后拍板的权力，而与此同时，恶意软件还在继续从系统中偷取数据。

相比之下，当另外一家保险公司的安全团队确认有恶意代码感染了核心应用程序时，管理团队达成一致决定完全关闭网络访问。该公司明确规定了决策权在哪方，并且在确定了特定应用中持续的数据丢失风险会造成的损失大于停止运作的损失后，决策也变得相对简单。此外，该公司开发了隔离网络重要战略部分的标准流程，于是技术团队按照一步步指示便可有效地隔离该应用。

当攻击发生时，企业各部门管理者都要做出快速决策。事先确定尽量多的决策方案并编入计划中，可节省时间，让损失最小化。如第一个事例，明确谁有权根据处于危险中的价值做出决策也很重要。很多时候，企业没有预期这样的决策是在发现攻击时的混乱时刻必须做出的。

加强内部协调与问责制

一家机构的高管们还在就合适的信息进行讨论时，该机构推迟了向媒体发布关于网络攻击的重要声明。由于责任不分明导致了这次推迟，让高管们的响应速度放缓。高管明确了外部股东列表并试图召开内部股东会议来讨论诸多事宜。

这些任务中有很多可提前解决。在一家大型零售银行经历数据遭遇攻击危机的初期，客户服务代表利用预先批准的脚本来处理询问网络攻击属性的客户来电。除了为外界提供协调一致的消息，这也意味着，高管及安全团队可专注调查数据丢失情况，不必在百忙中还要为对外发布的消息制订方案而分心。

不过，即便有脚本也不能保证完全顺利的响应。另外一家金融机构也设置了这样的脚本，但是脚本中所含的消息与监管团队的不协调，监管团队准备提供给监管者的消息与客服代表告诉客户的消息有很大区别。还好，管理人员及时发现了这一情况，避免了一次公关噩梦。

是这种协调性让决策有了意义和条理。快速做决策固然重要，但若相互矛盾便失去意义。据我们所了解，太多的企业试图以分权的形式管理网络安全事件。虽然，一份有效的 IR 计划为整个企业内部确立职务与责任，但是，我们经常看到企业缺乏负责所有应急响应措施的单一领导者，这是可防止的错误。

"现场指挥官"可协调此中的不同团队。或许，这个人的职责看上去容易提前预见和实施，但是要充分了解和集合起相互迥异的部门，如技术取证、社交媒体监控等，通常一个人无法具备这些技术组合。不过，最佳实践显示，有单一领导者来管理应急响应能使相应的措施更为全面、一致，且决策权明晰。在很多企业机构里，这名指挥官来自企业连续性经营部门，不过，来自 IT 部门的高级 IT 安全主管或风险管理部门的领导也容易成为指挥官。而 CISO 通常未必最适合这项任务，原因在于，他们要集中精力从战略上思考响应措施，而指挥官则负责协调战术行动。

有效的计划，意味着事先确定所有企业职能部门将如何协作：企业通信、监管事务、法律、合规及审计、业务操作等。强有力的协调，加之易于获取的 IR 文件，可确保企业能在发生紧急事件时反应更敏捷。

与第三方更为紧密的协作

有效的 IR 计划应帮助企业促进与重要第三方的关系，如执法机构、破坏修复和电子取证专家等[2]。通常，缺乏计划或对大肆渲染私事丑事的行为保持沉默，都会在很大程度上阻碍有效的应急响应。一家金融服务公司没有与一家第三方取证公司订立合同，在一次网络攻击中，该公司错失了关键时刻，并且在几天后，采购部门还不得不完成新合同，取证公司则要自己熟悉该企业网络，而这些都是可事先做好的事情。

另一个事例中，一家北美公司的法律团队坚称，由于网络破坏而出现了重罪现象。然而 CISO 不想与执法官员联系，害怕为审判保存法庭证据而影响到业务延续性。而更糟糕的是，管理者甚至都不确定要联系哪个执法机构。

相比之下，当现代资本公司（Hyundai Capital）意识到自己遭遇网络袭击了，他们立刻联系恰当的执法机构，后者快速行动起来。进而，犯罪者受到相对快速的跟踪，袭击的破坏范围得到有效控制。

克服现有 IR 计划的不足之处

很多企业已经制订了 IR 计划。确实，一些领先的企业机构会在这些计划上投入大量的时间、金钱与精力。在一家代表性企业中，IR 计划超过

80 页，出自专业人士之手。当时，团队成员用了相当于 20 个月的时间来草拟制订。

　　遗憾的是，这些已有的计划中少有足够稳健的，就此前描述的三个目标，它们很难真正实现。遇到危机时，计划应引领具体的操作和措施，而它们往往太过空泛；而主要决策者通常看不到计划，计划太过于依赖于一两个业内专家，但在他们无法到职时就成为一个故障点。最糟糕的是，我们有时看到，在处理特定业务部门遭遇攻击的情况时很有用的局部优化的响应计划，不能有效的管理整个企业的遇袭事件。在筒仓里开发个别计划也会抑制对相关知识和最佳实践的分享。

　　一份有效的 IR 计划可解决这些短处，但是，不管是重新制订计划还是改善已有计划，制订这样的计划都需要大量工作和专门的项目资金，并且这应被视为正式的计划。在开始制订计划之前，最佳实践企业应评估现有的响应方案、确认处于风险中的最重要资产。还要弄清楚，在出现紧急情况时，应该召唤哪个重要职能部门，并在每个部门中指派专业人士和支援人员（他们也需要做足准备），这些人员形成核心 IR 团队。

　　每个主要职能负责人都负责维护其在 IR 计划中的那一部分，IR 团队领导（可能是 CISO）要确保计划及跨职能部门的联系能得到不断更新。这样的计划设置巩固了这一理念：IR 计划不仅是网络安全部门的计划，它相当于另一个常规业务实践。

　　现有的响应方案是有用的框架，可以在此基础上开发 IR 计划模板。在对现有环境有了扎实的了解之后，企业可评估原有计划的有效性，他们需要识别出对每次事件的响应中存在的任何问题，诊断潜在后果，制定一份可能出错内容的详细列表。

　　我们在此前章节谈到，为了能够开发出特定于数据的保护措施，企业需要确认哪些信息资产对业务操作最为重要。因此，IR 团队要与销售、市场营销、运营、IT、安全、监管事务及通信部门关键人员会谈，了解漏洞及潜在威胁——若资产受到攻击会产生的业务影响及所需的响应。这就意味着，当需要制订 IR 计划时，响应是有的放矢的，而非泛化的。我们后面将讨论的作战模拟过程是了解什么处在危险中的另一个重要工具。

一旦 IR 团队创建了 IR 文件结构，就应与安全团队分享，这不仅能获得来自终端用户的有价值反馈，还能激发这一工具的活力。

稳健 IR 计划的组成部分

对于 IR 计划，没有既定的模板，不过，最为有效的计划都包含事件和资产分类、明确的责任和作战室设置以及脚本，这是核心的，脚本应分解为每个合理的场景。

事件和资产分类

即便是在美国以外的企业，通常也遵循美国国家标准与技术研究院设定的事件分类。概括地讲，该机构将事件分为未授权使用、恶意代码、拒绝服务及不当使用。采用通用的分类法能让企业间易于共享安全情报，也能让企业内部交流标准化。同样，企业内部整体对关键信息资产有协调一致的看法，将在了解受攻击信息类型的基础上，确保采取适当的响应措施。例如，对个人可识别客户信息的攻击的响应措施，不同于收购兼并（M&A）策略遭攻击所采用的响应措施。因此，对重要信息资产有确认有效的分类法是正确应对攻击的起点。

明确的责任和作战室设置

作战室是重要的 IR 工具，此概念在军事上可谓老生常谈，但也适用于网络攻击。作战室是一实际地点，里面设有支持性基础设施（IT 连接、通信系统、安全设施，以及零食），预先设置的 IR 团队聚集于此分享信息、加速决策，在响应事件的同时，确保大家团结努力。

每个代表重要职能部门的团队成员，都有决策权，但是由现场指挥官管理作战室，规定报告节奏、管理决策流程。配备一位书记员也很重要，他们可以记录下所有决策以及形成这些决策的设想、要采取的措施以及所需的外部通信传播。书记员也要记录所有尚未解决的事宜，以防成员们因工作中分心而忘记做某件事。到了股东或监管者检查团队为何做出某些决策时，所有这些信息就是重要的证据。

IR 计划需要详细说明处理应急事件时的团队结构、个人角色及责任（依据处于风险中的资产类型）、升级流程及作战室协议。例如，具体规定出这些内容是非常重要的：在决策流程中何时要有管理层参与、何时启动作战室、高管何时需要采取果断措施，如隔离网络的一部分或关闭核心应用程序。运营模式也会记录重要的决策权力，如谁来批准与执法机构联系、联系哪些机构。

脚本

响应脚本本身包含程序指南（包括控制、消除和修复清单），以及依据治理、风险及合规性方面响应记录指南。对不同类型的数据和攻击事件，具体采取的方法也不同。

即便攻击事件属于同种类型（如都是恶意代码攻击），基于企业认为的处于危险中的信息资产，企业也会采取不同的响应措施。换言之，由于业务影响会不同，受到破坏的数据类型将决定响应措施。这是 IR 计划最重要的元素，很大程度上决定整个响应措施的成败。

哪怕攻击类型是一样的，企业也会有不同的方案应对，例如，一家公司中，对于机密客户数据丢失，会有一套响应流程，对于重要 IP 丢失会有完全不同的一套响应措施。每个情况中的利益相关者不一样，企业用于减轻损失而要分配的资源也不一样。

举例来说，客户数据丢失风险的响应目标是，在 4 个小时内识别受影响的客户数量及数据丢失的范围，在 8 个小时内，安全团队就要清楚

地了解谁该对盗窃事件负责，并预估商业影响。而如果网络攻击的是
M&A 细节内容，那么响应目标会是，在 24 小时内确定每个交易细节的
影响，接着这会促使一系列行动，如通知关键方，包括监管者、交易方
的利益相关者及投资商。

脚本中还应澄清何时进行通知，这点上不同国家甚至在美国不同的
州会有所不同。到 2014 年 9 月，美国 47 个州有相关规定要求，如果个
人可识别信息受到危及了，私营和政府部门要通知个人。不过，在谁必
须遵守、"个人可识别信息"具体意味着什么、"危及"又意味着什么、
通知期限及责任免除等方面，这些法律规定不尽相同。这些州级别的报
告要求是联邦监管部门任何要求之外的要求[3]。

甚至连团队设置及运营模式都因事件类型不同而有所区别，角色和
责任分配给特定的个人，一些精细的 IR 团队会分派个人与特定的司法或
监管机构打交道。这样团队的构成将需是灵活的，还要取决于受攻击记
录的位置。

利用模拟作战来测试计划

如果企业不能精通如何使用 IR 计划或不定期升级计划，那即便是一
份设计精细的 IR 计划也只有有限的用途。它不是一份静态文档，不应该
掩埋在文件里，而是要融入企业的整体构架。每次事件过后，都需要更
新计划，需要不断地去发现其存在的漏洞，即哪里可能出错，并做出适
当的调整。

最佳实践企业会确保该计划广泛分配到企业的每个相关部门。该计
划应可打印、可阅读电子版，也可在内部网络平台阅读。而极好的 IR 计
划与良好 IR 计划之间的差别在于，极好的计划要通过定期培训和实践嵌
入企业肌肉记忆。要达成这点，需要有力的模拟作战技术，这并不能轻
易实现。一家拥有多个业务部门的大型企业应努力实现每季度进行一次

模拟，每次的场景都不相同。较小型的企业可能会在整个企业范围一年进行两次模拟，这看上去要耗费很多时间，但很重要。对（不可避免的）网络攻击响应较差或较慢会产生很大影响。

一直以来，武装力量都会进行模拟作战来测试其能力，揭露作战计划中的缺口，并增进领导及时决策能力。主流企业已接受这一理念并开始进行模拟作战，以确保在 CEO 询问"准备好了吗"时能有个恰如其分的回答。网络模拟作战不同于传统的渗透测试，在渗透测试中，企业会雇用黑客来识别技术漏洞，如不安全的网络端口，或在菜单栏分享过多信息的面向外部的项目。

网络模拟作战要更为复杂，通过模拟，可深度观察哪些信息资产需要保护、哪里有攻击者可以利用的漏洞、企业响应攻击的能力缺陷所在，尤其是重要的通信领域以及决策过程。

如前所述，构建一场模拟作战的行为，会开启业务及安全部门管理者的诸多讨论：哪些类型的信息资产最为重要、有谁可能攻击它们，就 IP 丢失、名誉损失或业务中断方面来讲攻击的影响几何。一个公立机构发现，通过设计一场模拟作战，同时，其大部分 IT 安全过程针对预防在线欺诈，该机构最大的风险实际上是与公开网络破坏有关的信心缺失。

要确保用于模拟作战的场景是现实逼真的，需要做完整的分析，而这所需的分析可突出重要的安全漏洞。一家零售经纪公司在准备模拟作战过程中发现，其大部分最敏感的数据托管在安全性差的应用程序上，这些应用未经安全审查，且还在用过时的控制措施来验证用户。

如何运作一场模拟作战

上演一场模拟作战的第一步即为让模拟范围和目标一致。模拟作战应围绕一个业务场景，而不是纯粹围绕针对某项技术的攻击，而且该场景应与特定企业可能遭受的潜在攻击和处在风险中的资产密切相关。举例来说，在一家银行设置的场景中，网络罪犯利用鱼叉式网络钓鱼攻击来瞄准高净值客户，以便对他们进行诈骗，而一家高科技公司的模拟场景中，一位技术先进的攻击者收买了企业内部人士去安装恶意软件，该软件可用于偷盗关键 IP。表 7-1 概括了模拟作战不同阶段需要做的不同决策。

表 7-1 一场模拟作战可测试企业的程序与神经

阶 段	描 述	所需决策
网络攻击的最初迹象	员工报告称，黑客在地下网站吹嘘，他们偷偷盗出五个对冲基金客户的数据，这些客户供职于石油和天然气行业。安全系统和网络日志的数据显示，可能出现了网络攻击，但数据仍是不确定的	鉴于你所掌握的情况，你要联系受影响的客户还是先等一等？你要和监管者交流沟通吗
黑客行为主义者发出最后通牒	黑客行为主义者发起联系，宣称他们有能力访问银行大客户几周的交易数据。作为证明，他们传来一个客户的一周交易数据。他们宣称，如果银行不公开承诺停止在石油和天然气领域的所有交易和"投机"行为，他们就会在网上披露所有客户数据	对此通牒，你是忽略还是做出反应？你是否与黑客行为主义者联系、与他们对话？你是否与执法机构展开了合作
媒体质问	备受推崇的新闻机构联系银行称他们正在证实这一信息：银行系统遭攻击危及了客户数据	你怎么回应外部媒体？你会证实这些信息吗？内部如何沟通？你会与客户进行任何广泛的交流吗
可获得初步取证	安全团队确认银行是被盗数据的源头，该团队认为有一两个核心交易系统局部遭破坏。CISO 建议关闭受影响的系统以完成取证——这将严重限制交易活动	你会关闭受影响的系统吗

企业需要决定模拟作战中融入多少个场景、这些场景的复杂程度如何、每个业务部门所需的参与度是怎样的，尤其是那些设计和管理模拟作战的部门的参与程度。选择了场景之后，管理模拟作战的团队确认需要测试的响应故障，并拟定具体的脚本，协调人员会使用到脚本。

模拟作战应模拟真实攻击的经历：参与者接收到不完全的信息、目标没有完全协调一致（见图7-1）。当然，模拟中应包含信息安全及IT之外的更为广泛的参与者，要包括客户服务、运营、市场营销、法律、政府事务及企业通信等部门。这些模拟作战会实时发生，根据场景的复杂程度会延续一天、一周甚至更长时间。在整个模拟过程中，协调人员将为参与者提供信息、该采取什么措施。参与者每一次获得的信息取决于他们刚刚采取了什么措施。当然，模拟过程中没有正在运行中的系统参与其中。

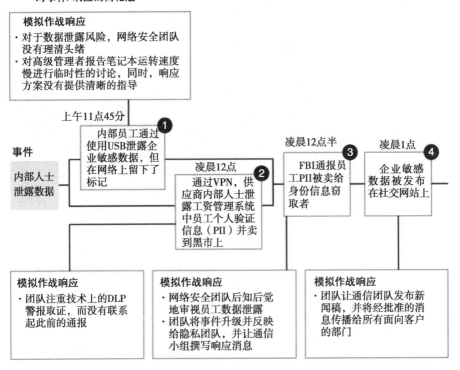

图 7-1　让模拟作战场景立足于企业高风险事件

模拟作战应揭露企业应对攻击中的任何能力缺陷。模拟作战尤其应察看响应的三个方面：①识别和评估网络攻击的速度；②控制攻击的决策有效性；③与利益相关者交流沟通的有效性。

识别和评估网络攻击的速度

一家企业发现，解决攻击的过程完全依赖于电子邮件和即时消息。如果攻击本身破坏了这些系统，那么企业的响应能力会受到严重影响。

控制攻击的决策有效性

一家大型跨国保险公司发现，企业没有对何时关闭部分 IT 系统的决策制定指南。在模拟作战过程中，高层管理者命令技术团队切断外部连接，即便这在现实世界中并不是所需的，切断外部连接会阻止客户访问他们的账户。另一事例中，一家制造业公司的业务领导意识到，他们从来没有彻底考量竞争对手或承包商访问敏感信息会带来的影响，这就意味着，如果有关成本结构的企业专有信息泄露了，他们并没有准备好快速改变谈判策略。

与利益相关者交流沟通的有效性

测试钓鱼式攻击场景的银行模拟作战中显示，该银行并没有与数据被盗的客户进行沟通的指南。若在现实攻击中，这会导致那些有价值的高净值客户会收到通用的、冷漠的电邮，而非客户所期待的定制个性化的通信消息。

随着模拟作战的结束，企业存在的缺陷显而易见，最后也是最重要的一个阶段就是，要将模拟作战中识破的漏洞转化为可行的步骤，来提高企业对攻击的响应能力。通常这会涉及很多方面，实施可以提高攻击可见性的工具（如先进的分析引擎，可检测可能出现了零日攻击的异常迹象）、明确责任、对在高压情况下做高风险决策制定指南及创建需要时即可用的通信方案等。

大多企业可在 6 ～ 12 周里策划和进行模拟作战，且对管理人员产生可以接受的影响。如我们在前面提及的，模拟作战不是一次性的演练，网络安全的格局要动态得多，任何企业都不能故步自封。虽然进行模拟作战确实需要精力去策划，但是在区分资产保护优先级、揭露漏洞、识别响应能力中的缺陷、构建所需的肌肉记忆以在有限信息情况下实时做出适当决策的能力上，模拟作战是最有效的机制之一。

对真正的网络攻击进行事后分析以完善计划

模拟作战无法阻止攻击的发生。不断升级和完善 IR 计划的部分目的是，当攻击真的发生时，能融合起模拟作战中对攻击响应的成果。这样，错误可得到矫正，响应方案可得到完善。主流企业已经做到，在一次有意义的攻击（如因数据被盗而触发响应的一次攻击）之后，他们要退一步审视 IR 计划如何起作用。然而，极少企业会做彻底的事后分析。事后分析报告应分析事件类型、确定其分类是否准确（这决定响应类型）、检查攻击者做了什么、安全团队与其他职能部门所采取的具体措施步骤及他们相互协调的程度、事件时间线等，以便识别低效现象、错误及 IR 计划在哪方面缺乏信息。

大多企业将事后分析责任指定给安全运营团队，但是它们倾向于几乎仅仅关注技术性的事后分析，比如攻击者用了哪种恶意软件、攻击者试图利用哪些系统等。但是这忽视了企业如何响应，这对利益相关者来说十分重要。因此，事后分析应不由 CISO 负责，而是交由负有跨职能部门责任的人来从事。

事后分析团队也能进行假设分析，来确定在每个阶段的不同响应如何影响到攻击的效力。然后，所有这些数据需要向上反馈并纳入 IR 计划，成为企业持续测试和了解如何响应网络安全事件的不可缺少的一部分。

• • •

企业可区分其信息资产的优先级，决定对于每个重要的信息资产来说实施哪些防御机制最为有效，企业可以将安全融入核心业务流程、改变一线员工行为，也可为其应用程序及基础设施构架构建安全性，可实施主动的防御措施。这些都可以减少企业遭受攻击的可能，但是没有哪一项措施可确保企业不会受到攻击。因此，要实现数字化适应力需要创造并积极测试针对攻击的 IR 能力，而且不仅仅在技术相关部门，而是在所有企业职能部门。

要在这一方面取得进步，就要求参与模拟作战的几乎每个业务领域的高层管理者都参与检测和完善响应能力。此外，法律总顾问、首席风险官及首席信息官要支持网络安全 IR 计划与其他企业风险管理计划同步进行。

注释

1Some of this is spent on offensive capabilities; see Corrin, Amber, "Defense Budget Routes at Least $5B to Cyber," *Federal Times*, March 5, 2014. www.federaltimes.com/article/20140305/MGMT05/303050005/Defense budget-routes-least-5B-cyber.

2 通常，在重大事件发生后，第三方网络安全取证和修复专家会直接参与以提供关键援助，例如，加速对攻击的控制以减轻风险、获取法律要求的证据、分析攻击模式以了解漏洞、识别潜在敌人、修复服务。

3National Conference of State Legislatures, "Security Breach Notification Laws," September 3, 2014. www.ncsl.org/research/telecommunications-and-information-technology/security-breach-notification-laws.aspx.

第 8 章

构建起推动企业走向数字化
适应力的项目

实施一系列不相关联的技术或流程上的改变并不会带来数字化适应力，本书描述的方法工具是相互联系、互相促进的系统，实施起来需要巨大的行为改变，而且不仅仅是在网络安全部门内，还需跨 IT 及所有主要商业流程及部门。这种规模的改变需要企业解决一系列艰巨的结构上和组织上的挑战，包括改变一些根深蒂固的思维定式：有关网络安全旨在达成的目标及谁对此负责的思维。

虽然面临如此规模的挑战，然而，即便一些最大型、技术最先进的组织也没能意识到所需的改变范围。它们试图避免问题，而非直面并解决问题，其安全项目仍停留在注重一系列技术实施方案，而非对运营模式进行根本性改变。结果往往是得不到企业整体的全面支持，这会让决策复杂化、放缓实施、降低所需资源对项目有效的概率。

实际上，那些狭隘的方法不仅增加了企业遭遇攻击的风险，也会让企业面临创新和发展能力放缓的风险，也为企业从技术获得价值预期损失 3 万亿美元"贡献"了力量。

企业必须理解，就实际而言，通往数字化适应力的旅程意味着什么，他们需要明确如何通过周密的计划来到达数字化适应力，该计划能十分清晰地展示出，从项目设计到落实所有程序的优先顺序。至关重要的是，企业必须确保整体的改变来源于长远的业务需要，而非技术上的权宜之计。

要实现数字化适应力需要什么条件

要实现数字化适应力，企业面临着以下三个主要挑战：

第一，企业需要让各业务部门参与、协作，区分业务风险优先级、做出明智的取舍、实施能帮助保护信息资产的业务改革。过于频繁的是，企业会进行完全触及不了真正问题的机械评估。

第二，在企业的 IT 部门应优先适应力问题，而该部门已经习惯于短期成本及速度目标。

第三，企业需要提升网络安全部门的能力，让其变得更为敏捷，但大多企业认为这非常具有挑战性，尤其是在劳动力紧张的市场。

推动各业务部门协调与参与

很多网络安全决策都会产生深远的市场及战略影响，因此需要高级业务经理的参与。此外，企业采取的很多可以保护信息资产的手段都需要网络安全或 IT 部门以外的广泛参与。因此，成功有赖于高级业务管理者的支持。但是，要得到他们适度参与并不简单——语言会晦涩难懂、与高层管理者互动的能力往往是缺乏的，也几乎没有什么工具可量化网络安全风险及其减缓措施。

鉴于业务需要，企业要接受一些风险

网络安全遍及各个方面，涉及每一个商业流程及职能部门，但是就在商业流程依赖于有价值的信息的同时，网络安全也创造出攻击者可以利用的漏洞。例如，产品开发决定往往可增加敏感客户数据收集、采购决定可产生新供应商，后者或许未给予敏感知识产权以所需的谨慎对待。

在风险与竞争需要之间，企业需要做出精细的权衡。正如一家投资银行的 CISO 所说："如果我在与一家对冲基金取得直接联系以前，如我所想做了全面的安全评估，我们的大宗经纪业务就不复存在了。"

在实施网络安全项目时，企业必须思考以下问题：

- 对在线门户实施更为严格的密码控制会不会让客户获取变慢？
- 内联网络（in-line network）控制是否将增加延迟并显著恶化客户体验？
- 对于用于产品开发过程的自主知识产权，我们想要设置多么严格的访问限制？
- 为了降低内部威胁相关的风险，我们对员工行为监视的入侵性如何？
- 面对发展新业务功能，对不安全应用程序的修复将如何得到先权？
- 数据何时可被清掉，何时因潜在的分析价值而被保留？
- 日益增长的供应商安全需求，将对关键服务的合格投标商的减少、谈判能力的损害、采购成本增加有多少影响？

网络安全之外的部门也需要广泛地采取措施

要想实现数字化适应力，企业所需具备的大部分关键工具超越了网络安全团队的范围。我们已经看到运营部门必须采用新的业务流程，市场营销和企业通信团队要在出现攻击时准备好，应用开发团队要采用安全编码技术并修复不安全的应用程序，类似的例子还有很多。总之，所有这些措施需要每个业务部门采用新的工作方式和新的思维方式，很多改变需要大量的一次性项目能力。

刺激一线管理者行动起来会较为困难，他们往往对无穷尽的企业法案感到无所适从：《萨班斯 – 奥克斯利法案》《反洗钱法案》、六西格玛、企业重组、成本项目，不胜枚举。为了克服这些，包括 CEO 在内的管理团队最为资深成员必须要积极地支持 CISO 及 CIO，只有他们才能就网络安全相关风险的整体偏好水平做出决策，只有他们才能决定信息资产的优先级、在降低风险与运营影响之间做出权衡，只有他们才能在一线员工承担的所有其他业务优先事物前优先修复措施。

业务部门参与水平要想得当并非容易

网络安全晦涩难懂的性质让资深管理团队有效参与变得不易达成。高层管理团队已经开始认为 IT 经理像个祭司，嘴里说着不可理喻的术语，形容着难解的事情，如软件开发生命周期、敏捷式开发、数据架构、云计算等。网络安全就更令人费解了。即便是那些认为自己对一些概念（应用程序、数据中心、网络、桌面设备）有良好理解的高层管理者，在碰到访问控制、对抗内部威胁的机器学习、入侵检测等的讨论时，也会举手认输。

量化网络安全风险中存在的局限性，使得让高层管理者的参与变得更难。缺乏有意义的指标供他们用来评估生产力、质量或其他领域的风险，会让他们感到受挫。一家银行的首席风险官（CRO）可以告诉管理团队其他人，银行的资本充足率为 7.5%，而同行的资本充足率在 7.7% ～ 7.8%，同时，监管者要求这个数字达到 8%[1]。一家采矿业公司的 CRO 告诉董事会，企业平均每 1 万全时工作量，会发生两次事故，投资几百万美元的话会降低至 1.8。

CISO 手边没有这些数据，对于网络安全来说，没有一个像风险价值这样的指标，因此，这让与资深管理者沟通风险的整体级别、参与决策变得更难。由于风险有太多不同类型，因此网络安全不可能有精确的量化方法。诸如网络诈骗、监管罚款、法律风险等都与短期内的财务影响直接相关，而其他则不然，如名誉影响或 IP 丢失。如果一家国外竞争对手偷到了一份新制造流程的计划，那该公司如何量化一个依赖于该新流程的产品的价值，更不要说该竞争对手利用盗来信息的范围和程度。简单来说，企业无法自信、确切地对这些问题给出答案。

鉴于缺乏历史数据，定量风险的可能性和修复的影响就更具有挑战性，尤其是针对任何一家企业机构来说都是罕见发生的重大攻击事件。企业 CIO 及 CISO 无法确信地说："目前，在未来两年里发生重大攻击事件的可能性是 22%，如果明年多在此上投资 1 亿美元，可能性会降至 15%。"

在一家主要金融机构里，其 CISO 被要求提出三个网络安全度量指标添加到高层管理者的计分卡里。鉴于计分卡的设计标准，这位 CISO 考虑的所有选择都被认为要么相关性不够（比如攻击的速度），要么太狭隘（比如欺诈损失），要么太主观（比如定性风险评估）。诚如另外一家机构的 CFO 所说："给人感觉就是，我们不断地在安全性上花费更多资金，但是我都不知道那些钱是否足够，或者那些钱都做了什么。"

鉴于充满着这些挑战，不足为奇的是，高级管理层与网络安全部门之间的参与水平有着很大不同。我们了解到，一些企业的 CISO 会与 CEO 每隔几周会晤一次，而一些企业的 CISO 向 CTO 汇报（CTO 再向 CIO 汇报，CIO 向 CFO 汇报）而从来不与 CEO 会晤。即便是在最高层领导认识到问题严重性的企业里，CIO 及 CISO 仍会听到这样的请求："告诉我网络攻击不会发生在这里就行了。"

利用适应力项目来推动业务部门参与

要让业务部门更为紧密地与网络安全部门协作、有更强的参与度面临着诸多挑战，因此，企业必须明确地设计适应力项目来解决这一关键问题。

要设计项目，通常从评估进展情况开始，然后培养对信息资产及业务风险的看法。紧接着，这将有助于高级业务领导了解什么处于风险、为何重要。围绕业务主题而非技术主题来确定志向，可促进对所需改变的理解和投入。提供务实的方案，显示出不同的风险与资源影响，这样，将发掘高级管理层隐含的风险偏好，并确保项目整体与之匹配。将模块构建入项目计划来衔接差别保护中每个业务线，将有助于确保，业务管理者会负责对网络安全风险做出决策。最后，高级管理者在多个网络安全决策上处于重要地位的治理结构，将进一步强调这些问题属于所有业务部门，而非大祭司 IT。

着眼 IT 组织

从许多方面来说，企业 IT 管理就是风险管理的一种形式。每一天，应用程序开发与基础设施经理要做出风险管理决策。经理们是应该同意在 3 个月内完成一项开发项目，还是确实需要 4 个月来将这个项目做好？他们要为多少测试脚本、测试周期制订计划？要利用传统的打包软件还是新的公共云服务？新的软件补丁投入生产的速度要多快？是应该今年更新过时的基础设施还是等到明年？这样的问题无穷尽，而答案对决定企业的风险敞口又是至关重要的。

企业 IT 部门很少被设置为用来系统地解决适应力问题。多年来，高级管理人员都注重削减预算及快速交付战术能力，而非创建可持续、适应性强的架构。很多时候，年度 IT 预算流程推动人力资源进行一年内的短期努力。部分受这种短期努力的影响（并且部分原因在于他们对自己的网络安全能力缺乏自信），很多 IT 管理者认为他们能把对安全影响的担忧外包给 CISO 及其团队。结果，最后企业的应用程序及基础设施平台不仅效率低、灵活性差，也会本质上就不安全。

一个旨在达成数字化适应力的项目不能解决 IT 中的所有问题，但在更广泛的 IT 组织中鼓励改变来说，这种项目可成为强大动力，它可以提供一份诚实可信的分析，可显示出应用程序及基础设施环境中的不足之处（如过时的业务应用程序、不再有供应商支持的基础设施软件、补丁不足、不灵活的网络环境）如何创造了安全漏洞，还可以和其他技术改进项目同步，以帮助做出改变，确保新的架构从建造起就一直确保安全，并鼓励创建优先级列表来快速解决最为重要的风险。这样的项目还可以促进运营模式变化，从 IT 高管解决所管理的平台中的漏洞来讲，运营模式变化可提高 IT 高管的主人翁精神。

升级网络安全技能

要达成数字化适应力，需要网络安全部门的人员在技术和能力上有显著提高。下面 7 个适应力方法工具将延伸网络安全组织的技能与人才培养模式：

（1）基于业务风险对信息资产区分优先级。需要这样的业务分析师：一方面可以联系起商业策略、价值链及操作流程，另一方面又能联系起网络安全风险及防御机制。

（2）对最重要的资产予以差别保护。需要这样的安全架构师：对高度分散及动态的技术供应商情况，能随时了解最新的动态，相应技术如 I&AM、DLP、反恶意程序等。

（3）让网络安全融入整个企业的风险管理及治理流程。这需要资深管理者能与一系列业务职能部门有效地协作。

（4）让一线员工加入到保护他们所使用的信息资产的队伍。需要少数这样的通信专家：他们能将网络安全风险转化成让人信服的信息，这将改变目标用户群体的思维方式及行为。

（5）将网络安全融入技术环境。需要这样的应用与基础设施构架师：在安全应用程序开发、云安全、桌面虚拟化、移动安全及软件定义网络上具备丰富的专业知识。

（6）部署积极主动的防御措施来对抗攻击者。需要这样的安全情报及数据分析师：可在外部来源及企业自己的 IT 环境数据的基础上，积蓄见解、识别模式。

（7）不断测试以提高各业务职能部门的应急响应能力。在模拟作战开发及 IR 策划上需要有的放矢及专业的知识。

如今，几乎没有哪家企业的网络安全团队具备所有这些技能，更不要说能具备足够量的能力来推动数字化适应力。此外，网络安全人才市场供不应求，意味着企业不能仅从外部雇用人力。于是，企业必须让明确的能力升级成为企业项目的一部分，部分要针对外部招聘，并且，为了腾出现有的生产能力以便承担更多增值任务，很多企业将外包一些执行活动，例如安全监控。而成功改进的重要方式是让团队成员亲自做事，了解如何运作网络安全模拟作战的最好方法就是亲自运作一场网络安全模拟作战，或许一开始是在较小的业务部门进行简单的模拟作战，之后快速提高模拟作战的规模及复杂度。同样，了解如何进行积极主动地防御的最好方法就是开始收集数据、进行分析、跟踪攻击者。

推出数字化适应力项目的六步骤

高级业务经理参与进来了、IT 部门理解了数字化适应力的意义、网络安全团队迫切要放手一搏，但是，从基本的网络安全思维方式改为全组织数字化适应力，这之中存在着固有的挑战性，意味着企业机构要采取经过仔细斟酌的稳健的措施。

要推出有效的项目，企业首先需要制定议程，这就意味着要全面了解项目、确定目标、决定网络安全部门该如何操作。然后，企业需要推出项目计划，要顾及主要的风险与资源权衡，并确保路线图与业务需要及要交付的技术都匹配。最后，企业可开始执行，要跟踪进度，并且，就网络安全问题，跨业务部门之间要有可持续的参与（见表 8-1）。

表 8-1 设计和推出数字化适应力项目的六步骤

阶　　段	步　　骤	主　要　成　果
制定议程	揭露所有问题	区分信息风险及业务风险优先级 现有能力的综合性基线 与相关的最佳实践作比较 识别在解决业务风险中的问题与缺口
	确定进取有抱负但特定的目标状态	未来网络安全能力的战略主题 要达成每个战略主题所需的具体措施
	决定如何发展网络安全交付系统	未来网络安全组织结构、操作流程、人才结构、绩效管理系统及采购安排
创建路线图	为资深管理层阐述风险并权衡资源	为资深领导层提供一系列风险与资源之间权衡的主要方案 对选择方案的业务标准
	制订一份与业务和技术都匹配的计划	为所有所需的举措发布章程 对重大事件、依赖性、资源及关键的成功因素的详细实施计划
启动执行	确保业务部门在网络安全问题上的持续参与	跟踪进展、提出问题、做出所需决策及消除障碍的机制 来自管理团队的消息及其他强化机制，确保跨业务部门的管理者在保护重要信息资产上尽职尽责

揭露所有问题

若不知道起点在哪里，你也无从理解本来要去哪里。若起步阶段出错了，那么最终得到的网络安全项目会太狭隘、不足够进取、缺乏管理层支持。要想得到通向数字化适应力所需的现实情况，企业需要从信息资产及业务风险入手，了解不同类型控制之间的关系，综合考虑能力。

从信息资产入手

存在一种自然的倾向，即用基准问题衡量网络安全，毕竟，数字让人心里感到安全一些。然而，即便是同一行业的不同企业，基于它们所拥有的数据、所在国家、公共形象、所追求的业务与技术战略等，也会有不同的风险情况。

若不了解企业所需要保护的资产是什么，无法对网络安全部门的操作效果有个智慧的认识。例如，对一家带包装消费品的中端产品公司非常有意义的网络安全部门，对一家大型银行来说肯定是不够的。

没能从信息资产及业务风险入手，会导致此后做出错误的选择。一家金融机构从评估监管要求入手制定网络安全项目，两年后，该机构花了大笔钱，也取得了一些技术进步，但是它们将所有精力都放在保护客户个人信息上，而没有考虑其他类型的重要信息资产。

在本书的前面部分，我们展示了识别和区分信息资产优先级的原则和方法，这些应该是任何网络安全项目设立之初应得到应用的。依据企业机构的规模及复杂程度，可能有必要的是，分阶段区分信息资产及业务风险优先级，从跨所有业务部门的综合优先级开始，接着在每个部门轮流进行细致的评价。

综合评估风险

攻击者无须战胜一家机构的 I&AM 或入侵检测环境，但他要战胜一个防御系统，这个系统包括很多不同类型的控制，如果这些防御措施互锁，就能让攻击者面临更加困难的局面。

不幸的是，很多评估是结构化的，这样每个因素就可单独打分：入侵检测、I&AM、数据保护、应急响应等，但是无从评估这些控制措施是如何联合起来保护重要信息资产的。举例来说，相比之下，评估密码控制、加密、用户培训及 DLP 结合在一起保护高净值客户的金融交易数据的有效程度，自然而然地，可让决策者知道如何对尤为重要的信息资产采取正确的差别保护措施。

处理所有能力

我们经常听到 CISO 说："我想做一次安全控制评估。"很快，评估围绕一套战术问题展开：入侵检测或防恶意软件环境怎么样？但却不包括战略一致性、风险管理流程、安全架构及整个交付系统，这样的评估结果只会在网络安全内部实现变化，然而所需要的改变却是在更为广泛的商业流程之中。

在增进企业机构对评估网络安全的认识上，如 ISO 270012、美国国家科学与技术学院的"提高关键基础设施网络安全框架"[3]等现成的认证评估及指南极具价值，但是即便这些也是有范围的局限性。举例来说，这些认证评估及指南对产品安全及很多其他类型的第三方风险的重视不够。实际上，几乎所有这样的框架都注重的是技术相关的风险，牺牲的是业务流程改变，如清除不再需要的敏感信息、为较高风险的交易创建安全流程、为与企业用更为安全的方式接洽的顾客设立奖励机制等，这些都会带来巨大益处。

有效的网络安全能力评估必须能可信可靠地回答下面的问题：

- 战略性。网络安全整体方向是否符合数字化适应力的原则？对于区分信息资产优先级、在所有业务流程推动网络安全方面的考虑、让一线用户参与、所有职能部门应对攻击、将安全性构建进更为广泛的 IT 构架中去、实施积极主动的防御措施等方面，是否实施了相应的机制？
- 治理。企业机构是否掌握所需的事实情况及流程，来对网络安全策略做出明智的风险管理决策？企业是否理解其资产、攻击者及漏洞？企业是否能客观地优先考虑风险、评估潜在的防御机制？
- 控制。在各种潜在控制措施（比如 I&AM、DLP、加密、应用程序安全、网络安全、基础设施安全）中，精密程度及能力水平如何？
- 安全架构。技术平台对网络安全控制全面、一致、集成、模块化的支持程度及快速结合发展新工具及供应商服务的能力如何？
- 交付系统。在网络安全部门拥有适当的结构、流程、能力、绩效管理系统及采购安排以可持续的有效方式运作并继续提升能力上的进展程度如何？

很多企业没有完全找到以上问题答案，哪怕是在它们已经推出网络安全项目时。结果就是，它们不了解需要实施的系统性变化。

确定进取有抱负但特定的目标状态

企业制定网络安全项目的方向有千百种：企业可以注重不同的资产、可确定不同的政策、实施不同的技术、培养不同的技能。因而，企业该如何决定其目标，这个目标既大胆又特定于企业的业务情况，还要与大范围的措施保持一致，要足够有抱负，重要的是便于解释以获得跨部门支持。

答案就是要将数字化适应力方法与商业风险联系起来，利用业务流程改变及技术控制，将改变融入沟通意向及鼓励支持的重大主题。

将数字化适应力方法与商业风险联系起来

本书已展示一些对推动企业实现适应力至关重要的方法。思考如何利用每个方法来解决高优先级业务风险，将使注意力集中于目标状态中所需的能力。

设想一下，一家银行的评估优先考虑员工带来的风险，不管是内部员工还是供应商员工，其行为危及客户信息的机密性，而这些信息是用来给企业客户承保贷款的，在管理这一风险中，每个数字化适应力方法都会有其作用。

- 基于业务风险区分信息资产优先级。业务经理要决定一笔特定的贷款风险尤高的标准是什么，比如，这笔贷款是否与备受关注的收购兼并（M&A）活动有关或者这笔贷款用途是否为有争议的业务项目。
- 为最为重要的资产提供差别保护。利用 DLP 控制来登录（一些情况下是阻碍）电子邮箱并打印与交易相关的高度敏感的文档，利用数字版权管理（DRM）控制来防止未授权用户访问。
- 将网络安全融入整个企业的风险管理与治理流程。就供应商提供

的员工如何处理敏感交易相关文档的要求进行协商，并写入与供
应商的合同中。

- 让一线员工参与到保护他们所使用的信息资产。为承保专业人员
  提供有针对性的培训，让他们了解自己所接触的数据的价值、若
  落入坏人之手会带来的影响、处理敏感数据的标准流程，并且，
  鼓励人们在发现有违反流程行为时进行举报。
- 将网络安全融入技术环境中去。创造完善的文档管理能力，这样，
  承保专业人员就无须使用电子邮件保存和传输敏感贷款文件了。
- 部署积极主动的防御措施来对抗攻击者。构建起识别潜在风险的
  分析方法，例如，最近绩效考核较差的一名员工访问了大量与其
  目前从事项目无关的文件，导致多个 DLP 预警，这可能表示因
  不当使用敏感文档而产生的风险在升高。
- 不断地测试以提升所有业务部门的应急响应能力。为在发生攻击
  时与客户通信、与执法机关协作制定协议。

通过查看每个优先级业务风险的每个方法，网络安全管理者可思考
两个重要问题：①所采取的措施总体是否足以解决风险；②鉴于风险的
本质，是否有可以移除的重复措施？

尤其是，鉴于很多公司注重外部攻击者的历史，CISO 们需要确保适
应力项目完全解决内部威胁。

利用业务流程改变及技术控制

为了确定潜在的更广泛的措施，网络安全管理人员将数字化适应力
方法应用于每个最重要的业务风险，而一旦这样做了，他们就必须确保
已考虑了恰当的控制组合。

保护信息资产的机制分为以下三类：

（1）业务流程控制。这些是终端用户行为及 IT 部门之外的业务流

程的改变，包括清除数据、促进培训、创建敏感资产的安全路径、改变客户行为的项目、供应商政策、M&A/合资企业的安全流程、模拟作战、企业产品的安全结构。

（2）更广泛的 IT 控制。这是对更广泛 IT 架构、运行模式的改变，并包括安全的公共和私有云服务、安全编码、安全应用架构、安全技术设施操作及安全移动 / 终端用户设备。

（3）网络安全控制。这些是注重保护信息的技术能力与流程，包括加密、I&AM、威胁管理、边界安全、安全分析法及安全运营。

要想达成数字化适应力，需要将所有三种类型控制配合使用，然而，鉴于传统的思维方式，很多项目对专门或严重依靠网络安全控制有着一种强烈的倾向，这样会让网络安全项目的花费更为昂贵、比所需要的更具侵入性。随新的网络安全控制而来的是实行新的技术系统的时间和成本，而诸如清除数据或为敏感数据创建安全路径等业务流程控制，实施起来可以更快、成本更低。新的网络安全控制会为企业的技术构架增添复杂性，而诸如私有云服务、软件定义网络等更广泛的 IT 控制能同时提升安全性和敏捷性。

将所需的改变综合到主题

将所有数字化适应力方法应用于所有优先级业务风险，不可避免地会生成潜在措施列表，而这个列表会很长，其中还会有很多重合，对任何企业机构来说都太复杂而无法同心协力。企业会发现，当它们将所需的改进综合到一份短的重大主题列表时，它们更能轻而易举地得到组织支持、更快取得进展。

要形成这样的重大主题，网络安全管理者需要合并类似的措施或重复措施，接着，通过给余下的措施打分的方式区分优先级，打分可依据这些方面：这些措施解决多少优先级业务风险、相比目前状态，这些措施需要多少改变。一旦管理者剔除了那些措施——鉴于实施的复杂性，所能降低的风险太少，他们就能将余下的措施综合到更广泛的主题中去。

一家医疗服务提供商开发了 9 个战略主题 (非常典型的数量), 每个主题包括具体的计划和措施, 其中包括:

- 从患者到医生, 贯穿医院, 相关时还包括支持性供应商, 保护整个业务系统的个人健康信息。
- 仔细检查内部人士活动, 不管是意外的还是有意的, 都要和外部活动同等对待。
- 通过合理化应用程序和系统, 最小化企业 "表面面积"。
- 检测和响应网络事件, 以便将给业务带来的损害及对提供服务产生的破坏最小化。

这些主题让管理者能够向资深管理层描述、让员工围绕一个改变项目而共同努力, 最终跟踪进展。

决定如何发展网络安全交付系统

要实现数字化适应力必定将给网络安全部门带来压力。由于一个控制功能将变得越来越不足够, 一般会实施操作流程、采购安排、人物模型、组织结构来操作安全性。网络安全管理者要特别注意三个问题: 简化操作流程、匹配所需的组织结构, 升级技能和人力资源。

简化操作流程

从更新账户访问权到评估供应商安全性能, 再到检查应用程序安全结构, 网络安全包括一系列操作流程。以往, 业务及 IT 部门管理者认为流程缓慢烦琐, 阻碍企业机构里其他部门快速完成任务。数字化适应力的很多方面将对这些流程产生额外压力。例如, 当一家公司开始为其最为重要的信息资产实施不同保护的时候, 该公司需要能够在密码及访问权上实施更细粒度 (granular) 的政策。那样会让现有流程变得无效、降低业务敏捷度, 让业务管理者感到沮丧, IT 管理者则更为甚之。

网络安全团队会发现, 采用精益 (lean) 的 IT 机制来让安全流程摆脱多余的程序是非常有益的[4]。一家保险公司利用复杂度请求分段、消除返工、在并行的核心安全流程运行活动，使得生产力及响应时间都有30%的改善。

匹配所需的组织结构

不久前，IT安全性还只是很多企业机构IT基础设施部门的一个技术领域。就当IT基础设施负责人下面有数据中心经理、网络经理、桌面领域经理时，他也有一位IT安全经理负责远程访问、防病毒及防火墙等技术。

不过，这已有了很大改变。大部分，但不是所有的企业开始任命CISO，扩大了网络安全部门的范围。然而，这些改变的新颖性意味着，在网络安全组织模型中仍有很多变体——经常是分裂的，这些能让一个数字化适应力项目的效力最小化。当实施这样的项目时，企业需要整合网络安全资源、为CISO确定正确的汇报对象及角色，创建能促进与业务部门就安全策略进行互动的结构。

网络安全是一个在技术上先进而精密的领域，很大程度上依赖于工具，企业要跨业务部门的利用好专业知识和工具，而不是把各部门割裂开。不过，一些公司仍在每一个业务部门实施了大量网络安全行动。一家银行发现，在各个部门的网络安全人员与中央安全部门的人员数量相当，重叠部分导致15%的人员冗余。主流企业已开始整合网络安全策略、构架、技术管理、操作及I&AM和供应商治理，同时，继续保留很小一部分分散开来的员工以执行特定于业务的活动，例如项目治理。这种设置在性能与效率上都产生了益处。

相对来讲，决定整合这些是很简单明确的，但是为CISO的团队选择正确的角色及汇报对象则要复杂得多，对此，有四种相当普遍的模型：

（1）传统模式。CISO负责网络安全的各个方面并向基础设施负责人汇报。

（2）主流模式。CISO 负责网络安全的各个方面并直接向 CIO 汇报。

（3）IT 风险模式。IT 风险负责人负责网络安全的各个方面以及其他 IT 风险问题（如灾难修复、质量、IT 合规性），并直接向 CIO 汇报，可能会间接向 CRO 汇报。

（4）战略模式。CISO 负责战略、政策及治理并向 CRO 汇报，网络安全运营方面事宜一般由基础设施负责人来负责。

严肃认真对待网络安全的企业中，越来越少有企业采取 CISO 向基础设施负责人汇报的传统模式了，这种结构没有为安全团队提供推动适应力所需的资历与关注度。该结构强调企业视网络安全为一项"技术"而非"业务"问题，这样很难招聘到高素质的网络安全人才。

大多数企业采用的是主流模式的某种变体，CISO 向 CIO 汇报，有时间接向 CRO 汇报。这种结构给予 CISO 更多关注度与资历，在不同 IT 风险领域开发一种通用方法或把网络安全团队分离成战略和操作组成部分，这不具有复杂性。对于在网络安全成熟度上还落后很远、需要加快速度的企业来说，这种模式会很合适。

IT 风险和战略模式都需要额外的组织成熟度。要想让 IT 风险模式充分发挥效用，需要为管理网络安全、供应商风险、灾难修复及合规性风险开发通用方法。明显地，这给 CISO 赋予了极大的权力，允许他们查看多个领域的问题，但是，成功有赖于每个 IT 风险领域具备一定程度的成熟度。

同样，战略模型也很强有力，它可以确保短期操作需求不会排挤风险优先次序、策略开发及治理。CISO（或者 IT 风险负责人）直接向 CRO 汇报也强调了网络安全是如同其他风险一样的业务风险。然而，这种模型也需要将网络安全操作方面事宜从战略中移除，坚定地保持这些属于 IT 范畴中——没有哪位 CIO 能让来自有风险的或者说任何来自部门之外的人直接接触 IT 操作。

一家重要的医疗保健企业认为，设立战略型的 CISO 能够促进企业注重保护患者数据的机密性与完整性，该企业已经为达成基本水平的网络安全成熟度投入了多年，对分解网络安全部门感觉不错，有更多的技术和操作活动保留在基础设施部门。理所当然地，CISO 及地位较高的 IT 团队投资于实时制定出新的网络安全小组与 IT 部门之间的联系，以便确保新的小组开发的策略与政策持续有相关性。

升级技能和人力资源

如前所述，要达成数字化适应力需要掌握新型技能。网络安全劳力市场紧俏，因此，提升部门的技能及人力资源或许既是最具挑战性的一项，也是数字化适应力项目最为重要的一个方面。主流企业利用四种方法来升级其网络安全团队的性能能力。

第一，鉴于每个员工的离开就意味着 CISO 要再招聘一个人来顶缺，企业会不屈不挠地注重人才保留。尤其是当高效率的职员有很多选择时，基本的管理上的健康（managerial hygiene）很重要，此外，一些企业非常注重媒体曝光、职业道路及团体参与，这些企业故意为表现好的员工创造与资深业务领导、有时是董事会互动的机会，为安全专业人员创造清晰的职业道路，有时包括在应用程序开发、基础设施、业务部门等职能部门轮岗的机会。企业还为高效率的员工提供时间和空间，让他们去参加注重网络安全的行业与技术论坛。

第二，企业从非传统人才库获取人力。企业不仅从军事及情报界来招聘相对较为年轻的专业人士来专门从事安全情报及数据分析，企业也会从其他 IT 部门、有时也会从业务部门挖走强大的问题解决者。企业意识到要有长远的眼光，因此他们与高等院校（有时还会包括高中）建立联系，为企业所经营的领域搭建起技术型人才的输送管道。

第三，通过尽可能的自动化，企业将用于低价值活动的精力最小化。如我们在主动防御措施章节所看到的，企业正与安全管理服务提供商建立约定安排，后者可执行诸如安全监控或基本优先分配等操作活动，这样，就可以让企业内部员工更能注重增值任务。

第四，也是最重要的，主流网络安全机构通过实践来培养能力。在模拟作战中构建能力的最好方法就是实施模拟作战。理解如何区分信息资产优先级的最好方法就是选择一个业务部门、与其领导层合作评估那些信息资产及业务风险。在相对滞后的网络安全部门中，某一能力的缺失也就阻碍着对这一能力的培养。主流企业的网络安全部门应积极推动，促进自身在业务部门参与、安全构架、模拟作战、主动防御等领域的能力培养。

为资深管理层阐述风险并权衡资源

网络安全部门的每个人都认同风险偏好是重要的，但是，基于企业所在领域、文化及整体业务策略，不同企业对风险的承受度也是不同的。一份数字化适应力项目必须交付符合这一风险偏好的整体风险水平。

如我们此前已经提及的，所面临的挑战是没有一个简单的指标可以量化网络安全风险。这意味着，CIO 及 CISO 们要给管理者们提供三四个务实的选择，这些选择要代表不同的风险降低（risk reduction）及资源投入水平，以此来估量他们的风险偏好，而不是试图制定一些高度抽象（从而基本上没有意义）的风险偏好陈述。

例如，一家北美银行的网络安全团队制定了一个宏伟的目标，按此目标该银行要经历巨大的变化。该团队称，一些所需的措施是实现负责任做法最低标准所必不可少的，其他很多措施是同行的标准做法，也可为最重要的信息资产提供额外保护，最后一套措施更为前沿一些，对付技术更为先进的攻击者。

基于此，该团队构建了保护和资源投入水平逐步升级的三种方案：①最低标准；②保护优先级资产；③抵御技术先进的攻击者。更为重要的是，网络安全团队还大致估算出每个方法的花费，还描述出每个方案会为企业防范哪些类型的业务风险（见表 8-2）。

表 8-2 风险降低／资源投入权衡方案

	达到最低标准	保护重要信息资产	抵御技术先进的攻击者
主要议题及相关措施			
促进业务部门参与	实施跟踪进展、性能及未来设计的指标	创建向业务部门看齐的网络安全联系点 为关键用户群体创造有针对性的培训	为资深业务管理者将网络安全指标综合到目标和宗旨中
实施"符合目的"的控制模型	为信息及资产设立责任归属 基于敏感度对信息资产进行分类 实施分层型 I&AM 模型，对优先级系统实施多因素身份验证 让新的供应商合同符合新的安全需求	扩大对静态加密的使用，检查合同中的待办事项，找出安全需求与解决的缺口 在结构化数据中运用 DLP	将敏感的非结构化数据移至文档管理系统，让 DLP 适用范围扩及非结构化数据
提高应用程序与基础设施安全性	在软件开发生命周期早期便推动与安全团队协作	对每一名开发人员进行安全编码实践培训 为特权访问实施一次性密码	加快向私有云的转移与虚拟桌面的应用 为网络分段以减少横向移动
创建增强型 SOC、提升应急响应能力	创建将情报连接到操作的 SOC 制订 IR 计划、建立起与其他危机管理计划的联系	扩大和推进独立技术安全评估以验证安全状况 进行持续的网络安全模拟作战	实施深度包检测及恶意软件检测与触发 实施先进的服务器与终端分析
通过场景解决选定的风险			
重大的分布式拒绝服务攻击会干扰支付系统	√	√	√
内部人士会无意间发布客户信息		√	√
内部人士离职到竞争对手供职时可从事承保实践			√
技术先进的攻击者可腐化金融交易			√
……			

虽然，这个工作有些耗时，但是能为资深管理者展示这样一系列容易理解的方案的益处无可估量。这能促进积极的讨论，讨论议题包括额外的资本投资数量、运营成本、企业所能承受的管理层对网络安全项目的关注程度、能有多少风险降低。

毫不令人惊讶的是，该银行的资深管理层认为其有责任超越最低限度的基本实践，然而，由于他们不具备最大型银行那样的公众形象及全球业务网，该银行也决定，鉴于他们面临财务约束挑战，针对最为先进攻击者、要提供前沿保护所需的投资对他们来说没有意义。因此，该银行选定中间方案，确保给其最为重要的信息资产以差别保护。

制订一份与业务和技术都匹配的计划

企业一旦评估了现有的网络安全性能、确定了想要得到风险偏好、与组织模型匹配了，他们就需要制订一份确保所有必要改变的计划。要想制订和推出一份有效的计划，企业必须不仅采用传统项目管理严谨性，也要基于业务风险为计划定序，将计划与更广泛的 IT 改变项目结合，创建自上而下的项目监督。

采用传统项目管理严谨性

对任何重要商业技术项目的成功至关重要的实践活动，对于网络安全计划来说，也同等重要。企业必须任命单一一位对整体计划负责任的领导，这种情况下一般是 CISO。企业必须用具体可行的方案来确定工作流，每个方案都要有一位经理负责并在方案上下真功夫，每个方案还要有一份章程，显示出预期效果。另外，每个方案还要有一份工作规划，清楚表达出重大事件、依赖关系及资源需求。这些方案必须要综合到整体路线图中去，整体路线图提供对资源需求及各方案相互依赖性的深刻理解。

基于业务风险为计划定序

传统意义上讲，网络安全计划要依据需要执行或升级的不同类型的控制措施，然而，要想真正将网络安全融入业务流程及策略，一份完整的数字化适应力计划要包含由业务及技术控制调整一致的方案。举例来说，一家保险公司本来围绕监管需求设计其网络安全项目，并制订计划以实施一系列技术控制，结果，该项目没有注重最重要的信息资产，没能在单个业务部门推动改变，大多资深管理者几乎不知道该项目都做了什么。

保险公司投入时间仔细思考其最重要的信息资产及业务风险后，它们要重新设计计划并重新定序。除了实施新的技术能力，该公司还设计了这样的方案：在18个月的投资组合中涉及每个业务部门，以评估它们的信息资产，确定可保护关键信息的业务流程变化、实施差别控制。该公司按照风险影响的顺序解决这些措施。第一阶段对拥有最重要信息资产的业务部门应用最高影响控制措施，第二阶段对业务一期应用二线控制措施、对业务二期实施一线控制。即便是面临着一些约束，妨碍这家保险公司试图同时做全部事情，但是通过这种方式，该公司既可以确保单个业务层级有真正的改变，又加速降低风险的影响（见图8-1）。

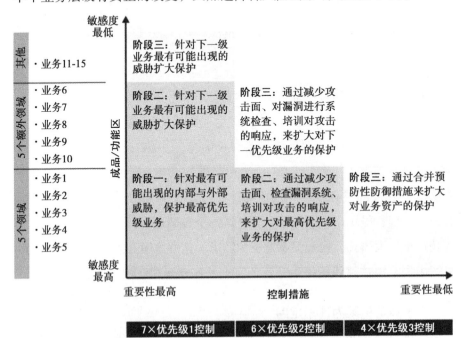

图8-1　分阶段部署计划以最先保护最关键的领域

将网络安全项目融入一系列广泛的 IT 项目

如在第 5 章中所述，诸如私有云、桌面虚拟化、软件定义网络及增强型应用程序开发等很多潜在的 IT 进步有助于减少漏洞、提升企业整体安全状况。

这些方案无一将继续存在于网络安全路线图上，不过，项目领导层要投入时间与这些技术项目领导一起以了解现有计划、影响他们以最大化安全影响，并且，确保他们与更广泛的网络安全项目协调一致。有时，或许有机会让这些项目促进降低风险，比如通过优先考虑运行在过时需要修补的基础设施上、带有敏感信息的应用程序，这样，这些程序便可转移至私有云环境。

创建自上而下的项目监督

一家庞大机构的任何网络安全项目都包括几百单个颗粒设计（granular design）及实施决策，其中会涉及很多问题，比如 DLP 工具应阻止员工向外部接收者发送什么类型的数据、什么类型的文档必须控制在文档管理系统内、哪些用户必须转移至虚拟桌面环境？

给这些问题找到正确的答案可减少漏洞、保护重要数据、改善企业的风险头寸（risk position）。不过，这些也会影响员工及客户利用技术的体验，这意味着，更多分析、更多利益相关者的协商要求，消耗了大量额外精力。对项目进行高级的、跨职能部门的监督，从而减少不同部门间的分歧，这将加速决策、加强整体的网络安全项目。

一家医疗保健服务公司估计，通过放缓实施及要求利用比最优要差些的解决方案，采取共识导向型方法来实施网络安全变化会让整个网络安全项目多耗费几亿美元。为了克服这一点，企业需要建立高中级管理人员指导委员会并赋予其加速决策的授权，该委员会由 CIO、CISO、CFO 及一些业务部门管理者组成。这个委员会为决策创建了快速程序，这会产生较大的业务或安全性影响，不过这所需的投资不到 1 000 万美元。因此，当关于是否限制通过外部电子邮箱发送病例、加强员工密码控制的决策得到快速做出时，有关是否以及如何实施网络访问控制的决策并没有快速做出，原因在于，后者明显拥有更多的投资预算，因此需要用更为传统的决策流程来解决（见表 8-3）。

表 8-3　与影响和成本匹配的决策流程

传统决策流程	快速决策方法
所有决策类型的决策周期为 6 ～ 8 周 重要的准备工作，包括详细数据收集、分级及商业案例展示 决策需要多个管理层接触点 公式导向型方法包括主要利益相关者及其他非关键实体 标准流程，不因决策影响及成本而改变	有两周的快速决策周期，尤其针对有网络安全项目影响的决策 聚焦精益但是有足够数据来做出明智决策的商业案例 决策需要及效果在一场会议上决定 由负责任的利益相关者推动的决策

对于每一个快速做出的决策，相关管理者花了两周时间拟定一个简单的商业案例，展示出现状、所提出的改变、根本原因及高级影响。这样，指导委员会就更容易做出以事实为基础的最后决定。在前面的示例中，该委员会同意制定政策规定个人健康信息不得通过外部电子邮箱传输、DLP 应用于阻止大量的个人病例通过外部电邮离开公司、向协作工具投资让与外部团队分享健康记录变得更容易，外部团体包括专家医师团体、诊断实验室等。

确保业务部门在网络安全问题上的持续参与

网络安全是一个高风险话题，因此，它是 CEO 级别领导的话题。鉴于网络安全触及所有部门，且决策具有挑战性，只有让 CEO 及管理团队其他资深成员采取主动措施，通向数字化适应力之路才能有进展。

基于我们所做的调研，在管理网络安全风险上，资深管理层的时间投入和关注是成熟的唯一的最大推动力，这比企业规模、企业所在领域甚至是预算多少都重要。不过，资深领导层往往没能给网路安全足够关注，一些 CISO 确实频繁访问资深领导，但是，在我们所了解的企业中有 2/3 的企业 CISO 完全没有定期与 CEO 互动。

推出（或再次推出）网络安全项目是一个完美的机会，资深管理层可以制定和澄清其预期：每个成员将如何帮助确保企业能保护其重要信息资产，每个人都有重要角色（见表 8-4）。

表 8-4　澄清所有部门的网络安全角色及责任

角　色	责　任
CEO	对企业风险偏好设定总体预期 在资深管理团队中强化行为改变（例如如何处理敏感的商业资料） 确保适当的资金投入
业务部门运营主管	在权衡制定信息资产优先级、数据保护与运营影响上投入精力 将网络安全考虑融入产品、客户及区位决策 就一线员工行为改变的需要进行沟通 在执行重要政策上支持安全团队
支持部门主管（如财务、HR 等）	让网络安全策略与企业政策同步（如 HR 及采购） 将网络安全综合到质量 / 合规性项目 将网络安全融入监管及公共事务议程
CRO	确保企业风险管理方法适应网络安全风险的特性 将优先的网络安全风险融入企业风险报告 在一些时候，为网络安全部门提供监督和管理
CIO	确保网络安全项目支持企业的风险偏好，确保商业策略适当并按照计划进行 在整体 IT 部门推动所需的改变 与董事会进行有效的对话

这无疑是领导团队的额外工作，将需要一系列相辅相成的措施。他们需要为高层管理团队提供企业或各部门所面临风险的可信和具体的信息，还要提供企业要保护的重要信息资产所需采取的具体措施相关的有高度针对性的信息。CEO 及首席运营官要付出时间和精力关注保护企业信息资产，彰显出这其中的重要性，企业应让高优先级网络安全目标（如主要项目重大事件）成为管理团队成员目标和宗旨的一部分。

●●●

实现数字化适应力，即企业拥有保护企业信息资产免遭不断攻击的网络安全操作模型，同时仍能持续创新，这实现起来是很困难的。网络安全触及每个业务流程及部门，依赖于应用程序及基础设施环境的质量，因此成功取决于远超出安全部门本身的诸多部门都采取合适的措施。综观来说，本书描述的适应力方法显示出企业部门如何与IT互动、IT部门如何解决安全性问题、网络安全部门自身如何运作上的根本变化。

很多企业执行的网络安全项目避免了挑战，而不是应对挑战，这导致项目缺乏企业整体的支持、痛苦的决策、实施缓慢，很多时候还会出现资源不足。为实现数字化适应力而制定的有效项目，必是从设计之初便与企业其他部门结合、调整IT部门朝向适应力、创造更为敏捷与反应积极的网络安全部门。

注释

1 资本充足率，通过测量核心资本（如 Tier 1 和 Tier 2 资产）占总风险加权资产的比率来提供流动性风险的迹象。

2 ISO 27001 可能是最为常见的网络安全标准，其可追溯到英国贸易与工业部门于 1992 年发布的行为守则，在那之后，1995 年，该守则首次由英国标准学会采用并扩展，接着在 2000 年，国际标准化组织（ISO）及国际电工组织（IEC）采用了这一准则，即 ISO 17799，2005 年发展成为 ISO 27001。

3 National Institute of Science and Technology, "NIST Releases Cybersecurity Framework Version 1.0," U.S. Department of Commerce, February 12, 2014. www.nist.gov/itl/csd/launch-cybersecurity-framework-021214.cfm.

4 了解更多关于 IT 精益性，参见麦肯锡公司的"IT 运维中的精益变革"，www.mckinsey.com/client_service/business_technology

第 9 章

创造有适应力的数字化生态系统

为了保护世界经济所依赖的信息资产，企业必须制定信息资产优先级，实施差别保护，让网络安全成为商业流程的一部分，改变用户行为，创造有适应力的技术平台，实施积极的防御措施，了解所有业务部门如何响应攻击。

然而，企业运营所在的数字化生态系统，要么可成为数字适应力的催化剂，要么就是障碍物。如果技术供应商开发产品以促进安全性，企业就更容易开发出有适应力的技术平台，如果行业协会可以集合与传播威胁情报，企业就更容易转被动为主动防御措施。

实施数字化适应力所需的实践，对公司个体来说是很具挑战性的，鉴于所涉及的广泛角色，构建这样一个支持性的生态系统，至少是很复杂的。此外，网络安全是个全球性问题，因此，在世界各个角落里的角色会持不同的观点，比如就如何在安全与隐私之间做权衡，人们的看法不一。所有这些都意味着，相比对于公司个体应如何保护自己的共识，就如何开发更广泛数字化生态系统的具体细节的看法，人们的共识要远少些。

即便面临着如此之多的复杂性，仍有潜在的路径可行及在公共政策、团体活动及整个系统的结构等领域有具体探讨。公共、私营、学术多边及非政府机构之间持续协作，将尤为重要。

数字化生态系统

每个企业都要保护自身，但都是在更广泛的数字化生态系统的背景下，这个环境塑造了风险、约束及方案选项。对于被发现和被起诉，攻击者可能有更多或更少的担心；对产品如何影响客户保护自身的能力，供应商可能有更多或更少的关注；对于网络安全方面的毕业生，教育机构可能培养得更多或是更少；在分享最佳实践和情报方面，同行可能更为开放或者不是很开放。

数字化生态系统意味着，促成对健全信息资产的信心进而推动消费者与企业对数字化经济有信心的全套角色以及各角色间互动或协作的途径。

- 会有很多类型的供应商处理敏感数据，影响着整体风险水平，其中，有两种供应商尤为重要。技术供应商对整体数字化生态系统起着极为重要的影响，这取决于他们的产品和服务得到安全应用的程度。久而久之，保险公司能帮助企业以更可预测和透明的方式管理网路安全风险。

- 公共部门逐渐在网络安全上起到明显而积极的作用，但是，比起单一企业，"政府"远非完全统一。即便是有单一的司法管辖权，大量不同的部门或机构也会朝着多个目标：保护消费者隐私、起诉犯罪行为、保护关键国有基础设施、阻止间谍活动、促进经济发展，进而为了达成这些目标，各部门与机构会利用各种各样的工具，其中包括法规监管、刑事立法、收集情报、民事法律、发放补贴、发展国有的能力、与私有或非政府机构协作。

- 学术机构是网络安全研究的重要来源，不仅仅体现在它们的计算机科学部门，逐渐地，商学院、公共政策学院、政治科学部门以及多学科研究所也彰显出重要作用。同样重要的是，学术机构培养着下一代网络安全专业人士。

- 标准制定机构（如互联网工程任务组、云安全联盟）能制定让私有角色安全互动的协议，还能制定技术标准，鼓励后者消除产品和服务中的漏洞。

- 倡议组织（如电子前线基金会）力图影响私有企业及政府机构如何解决重要问题，他们认为这些问题与自己在公民自由、隐私权及人权方面的使命和追求相关联。

- 行业协会（如美国的信息共享与分析中心，ISAC）为企业举办论坛，共同讨论最佳实践、协调应对共同的威胁、共享情报。

- 多边组织（如美洲国家组织）为不同国家政府举行论坛，以解决复杂问题，如法定管辖权、执法合作及监管协调。

这些利益相关者以各种各样的方式联合起来构建更有适应力的生态系统。一些最为重要的协作方式将是跨行业、公共与私营、多国之间的协作。跨行业协作，可以是对等地位的人之间非正式的交流意见、行业协会形式的更为结构化的合作或是为共同的能力而进行商业合作。公共与私营之间的协作中，在自愿的基础上，政府与企业分享情报、技术及最佳实践。在多国之间的协作中，不同国家政府跨越边境线共同解决争论的焦点。

这些只是数字化生态系统中可能的协作类型中的一部分。例如，企业个体或行业协会可与学术机构协作，以加快和促进对网络安全专业人员的培养。

有适应力的数字化生态系统的影响力

在本书前面章节里，我们描述了三个场景——网络攻击风险影响数字化经济的三种方式。在"懵懵懂懂走向未来"场景中，攻击者和私营企业都逐渐提高了自己的能力，结果就是，网络攻击造成不便，不过没有阻止企业利用数字化经济。在"数字反弹"场景中，攻击者的能力提高的速度要比企业快很多，降低了企业在数字化经济中的信心，从而降低了技术创新的速度。在"数字化适应力"场景中，企业大幅提高自身网络安全能力，数字化经济快速、稳健地发展。

通过创造条件支持和鼓励企业实现先进精密的网络安全能力，私营企业、政府机构及非政府组织之间的协作可加速和扩大数字化适应力场景的影响。

2020 年 6 月 15 日

对于自己的工作，伊丽莎白最为喜欢的一个因素就是其多样性。作为世界最大型、最知名石油和能源公司之一的 CISO，从来没有哪两天的工作是完全一样的。正因如此，在她今天来到办公室前，她就意识到自己正进入一个全新的领域。

伊丽莎白的团队刚刚在苏如兰（Surulan）运营了两年的管道控制与监控系统中发现了恶意软件。苏如兰的中产阶层在逐渐扩大，很快，相比被视为一个发展中经济体，这里更多地被视为一个新兴的经济体。虽然如此，这里仍遭受安全问题困扰，其企业机构的实力相差悬殊。没有人确定恶意软件做了什么，但它肯定在反馈回主机，这更加令人担忧。伊丽莎白公司的系统传感器跟踪到了有关油流的商业敏感信息。更值得注意的是，该系统的驱动元件控制着多个物理系统，整个网络安装了阀门，若这些落入坏人之手，不仅无法阻止石油流出，还会给物理基础设施带来严重损害。一些控制点穿过居民区及更大的加工厂，这些控制点因承受太多压力可能带来的爆炸会造成更大的损害，有可能涉及人员伤亡。

伊丽莎白仔细考虑着下一步的举措。在该系统部署以及去年连入企业 TCP/IP 网络时，她曾带领着团队实施风险策略。很快，所有正确的流程都开始生效：恶意软件及服务器被立即隔离，备份服务器及数据无缝衔接。恶意软件正接受着模拟数据流，因此它不会给攻击者发出警报其实自己已经被检测到了，这为伊丽莎白团队争取了时间，以便评估情况、与执法部门合作、决定下一步的对策。

一般地，这家全球性石油公司的攻击者为政治因素驱动的黑客的变种，有时倾向于网络恐怖主义。伊丽莎白与所有主要发达国家（其公司在那些地方有业务）的执法界以及一些处理恐怖主义问题的国家建立了牢固关系。在国内，伊丽莎白的公司被视为关键基础设施的一部分，并且，对于出现可能是国家支持的攻击行为是有相关协议的，然而，此次的情况中，看上去该恶意软件是往苏如兰内部一个本地 IP 地址传输数据，或许，数据会经该 IP 传送到其他地方，但伊丽莎白的系统上没有显示这样的迹象。伊丽莎白知道，她的同事就物理基础设施安全已在与苏如兰警方和军方打交道，但是她不知道网络方面能力如何或是该与谁联系。

到了办公室后，伊丽莎白给运营安全方面同事、多行业 CISO 的非正式网络——他们一年会会面几次并在网上保持联系——发了综述报告，会有人为她提供一些指导吗？她的公司同事说可以把请求转到恰当的渠道，但是警告说，不存在物理紧急情况时，响应时间会因官僚阻力而延长。不过，一位 CISO 暗示她可能帮忙、建议二人通话。

丽莎供职于一家大型零售商，也是为苏如兰提供能力建设援助的多方参与组织的一分子。三年前，丽莎所在公司看到来自苏如兰的垃圾邮件、网络钓鱼、高容量/低价值（high-volume/low-value）欺诈大量增加。她曾参加一个由国际和地区组织、学术机构、世界各地技术和非技术类公司组成的组织，该组织投资于发展中及新兴经济体以构建网络能力。丽莎强调道：这是一项投资，不是捐助。苏如兰政府在看到来自本国内的犯罪上升（以及其刑事司法体系无法有效处理）开始对外国直接投资产生不良影响后，开始让网络项目为优先考虑，该项目由司法部长及总理个人发起。

就在去年夏季，丽莎团队一些成员还在苏如兰为该国司法部内部新创建的团队提供网络取证培训，团队其他成员提供了其他服务：协助构建政策框架、法律条款、一线人员培训、警方取证能力等。

丽莎帮助伊丽莎白联系到苏如兰司法部的一位领导人及警方任命的网络犯罪负责人。丽莎与后两者合作、共享相关信息，使得当地执法机关取得所需搜查令，去搜查与恶意软件联系的 IP 地址相关联的房产，结果发现，房产所有者是当地一名商人，他的服务器也受到了恶意软件的指派。当地执法机关与伊丽莎白的团队最终能够跟踪到攻击的源头是来自第三国，伊丽莎白的团队对该国早已很熟悉了。

国际刑警组织从最近其他的案例中识别了攻击的 TTP，该组织与伊丽莎白的团队一道开启了蜜罐操作，收集有关攻击者的信息及他们的预定目标。这就意味着，他们可以识别出其他还没有意识到自己会成为受害者的目标。同时，在伊丽莎白企业内部，她利用这一案例让公司为这类国际努力提供人力和资源。该企业在各个发展阶段的国家都有业务，于是董事会很快明白，继续投资于各国的法治和网络能力发展是个双赢局面。于是，伊丽莎白的公司经常会为多方参与组织的努力而投资，并且，其日益先进起来的合作伙伴网络在逐渐庞大，因而，该公司持续获得优势和深刻见解。

伊丽莎白的经历变得越来越普遍，随着网络攻击激增，企业需要不再禁锢于本公司内部。每个企业都处在自己的生态系统中心，要全面地发展适应力。对于大多企业来说，在通往数字化的路上，这种生态系统思维对核心商业策略至关重要，对于网络安全来说也是一样的。

很多企业已经开始参与协作活动——从可以分享共同面对的挑战及经历的正式和不正式的关系网络，到分享情报及威胁数据的更为结构化的组织网络。不过，除了这些，从共同的业务实践、政府的角色及学术机构、私营与公共部门合作关系方面来讲，所有利益相关者都需要意识到并贡献于更广泛的数字化环境。另外，已有重要提议被提出，以进行系统性改变，这将很大程度上改变运营环境的本质属性。

创建有适应力的数字化生态系统需要什么

经过与业务高管、技术管理者、监管者、执法部门、民间团体领导等人士讨论，我们得出围绕三个主题可采取措施的潜在领域框架（见表 9-1）。利益相关者可利用这个作为指南，有助于他们就自身能力达成一致观点、确定接下来的精确步骤、讨论角色与责任。此框架的更为完整版将呈现在本章后面部分（见表 9-2）。

表 9-1　构建数字化适应力生态系统的措施

主　题	领　域
公共及国际政策	国家网络安全策略 国内政策及激励措施 对外政策 端对端刑事司法系统 公共事业
团体活动	研究信息共享 知识传递 团体自治 能力建设共享资源 互相帮助
系统活动	风险市场 向互联网嵌入安全性 / 变化

表 9-2　构建可行的数字化适应力生态系统的建议

制度上准备就绪	公共及国际政策	团　体	系　统
治理 • 基于业务风险指定信息资产的优先级 • 将网络安全融合到整个企业的风险管理与治理流程中去 • 来自最资深管理层在实践与政策上的引导	国际网络安全战略 • 将全面和透明的国家网络安全战略与所有政策领域的战略与流程相融合 • 合并私营与民间机构及经济与安全问题 • 为国家战略实施和推广建立主管机构	研究 • 增强教育和意识 • 鼓励就网络安全优先考虑和关注政策对企业和宏观经济的影响并进行研究 • 创造鼓励白帽研究的氛围	风险市场 • 扩大网络安全保险市场的范围及广度

（续）

制度上准备就绪	公共及国际政策	团　体	系　统
项目 / 网络开发 • 为最重要的信息资产提供差别保护 • 让一线员工参与对他们所使用的信息资产的保护 • 将网络安全融入技术环境 • 部署积极主动的防御措施对抗攻击者 • 不断测试以提升应急响应能力	端对端刑事司法系统 • 确保执法机关有能力和资源去调查网络犯罪 • 为调查和起诉网络罪犯制定合适、全面、敏捷的法律条款 • 确保办案人员足够了解网络安全生态系统以进行法定诉讼程序	能力建设共享资源 • 培养与政府、高校及私营部门的伙伴关系以求扩展技能	嵌入安全性 • 探索建立更安全的互联网的方法 • 研发量化网络风险影响的方法
	国内政策及激励措施 • 开启私营、公共、民间团体之间的对话，以研制适当的政策和市场机制 • 建立支持执法机关的高效、适当灵敏的政府机制	信息共享 • 如果法律上可行，找到不同机构之间信息共享的机制 • 提高 ISAC/ 计算机应急响应团队及其他信息共享渠道的质量 • 促进可彼此协作、可延续的自动化系统来共享信息 • 为网络安全事件有关的信息提供通用协议	
	对外政策 • 建立国家网络安全原则 • 确定当地、州及国家级别的网络安全负责人 • 在执法机关间设立正式和非正式的沟通渠道 • 在负责网络安全的国家级机构间创造可彼此协作的互操作性 • 围绕起诉网络罪犯努力协调国家与国际政策 • 建立治理这一问题、有多方参与的办法		

（续）

制度上准备就绪	公共及国际政策	团　　体	系　　统
	公共事业 • 确保应急响应能力不断进化和稳健 • 提高对网络安全技术的教育投资 • 资助一项网络安全研究议程 • 为企业与政府间有限的信息共享提供"安全港"保护		

与各方更为深入的讨论之后，我们发现，很明显的是，在很多国家和地区，这些方法只得到了相对不完全或不成熟的应用。原因为何？特别是考虑到有多种多样的私营角色、政府机构、非政府机构，每个角色都有其约束和优先项，因此利用以上工具甚至比在公司个体里实施最佳实践还要难。

与网络安全相关的一些问题可能是高度情绪化和政治化的，网络安全并非孤立问题，不可避免的是，它涉及诸如情报收集、经济竞争力、消费者隐私等问题，而解决这些问题时，不会像处理如何给网络分段、在编程中利用什么实践这样的问题时那样冷静、客观。

鉴于网络安全的多面性，就此话题的公共对话仍旧不完整、无条理。诸如知识产权保护、国家安全、诈骗消费者、恐怖主义及有组织犯罪等问题，或可在有关网络安全的讨论中全部得到解决，然而，在数码时代之前的环境里，即便这些问题可能是相互关联的，我们也要逐步形成不同的机构、不同的机制去处理它们。

网络安全本质上是个全球性问题，而很多机构是在一国范围内的，这两者之间存在根本性脱节。在攻击者及其目标可能分散在 10 多个时区的时候，国家政府如何有效地出台政策来促成数字化适应力。很多时候，跨国企业能最为直观地体验这种脱节。超大型银行、制造商、制药公司的 CISO 指出，与地方上的执法部门合作解决一项可能触及三大洲的犯罪极为困难，或者，向监管者解释他们将如何保护单一的全球网络是极具挑战性的。当然，在不同国家，不仅会有不同的监管制度、执法实践，还会有截然不同的文化规范，例如有关员工隐私问题。

结果，就如何继续在这些领域协作、制定政策会存在重大分歧。几乎所有人都同意企业应更为广泛地共享网络攻击情报，一些 CISO 表示，这可以在现有的法律制度下实现，而其他人则不认同，称除非企业免于法律责任，他们才会共享更多情报。几乎每个人都同意，对网络安全技术与实践进行更多研究会是有价值的。一些 CISO 建议公共部门应在设置和资助研究议程上扮演重要角色，另一些人称，在网络安全如此波动的领域里，政府无法明智地决定研究优先级。

对监管规章的态度是缺乏共识的一个很好示例。四成的技术高管表示，总的来说，网络安全监管以积极有效的方式鼓励企业提高安全性，相反，46% 的人称，网络安全监管要么要耗费很多时间和精力也没有让企业更为安全，要么更有力地让企业变得更不安全了。不同行业对此持有不同的声音。只有 1/4 的银行高管对网络安全监管抱有积极看法。他们认为，监管规章缺乏效率、被困于过时的实践中。很多时候，他们称监管者缺乏专业知识以对网络安全实践做出正确的判断。相比之下，近一半的医疗服务业技术高管、约 2/3 的保险业技术高管对网络安全监管持积极态度。他们说，虽然监管规章可能未达到最优，但其可鼓励资深管理团队对网络安全投入所需的资源和关注（见图 9-1）。

很多企业会觉得这样的辩论离自己有些遥远，但是，没有积极塑造更广泛的生态系统的话，会带来相关花费与风险。举例来说，2012 年 11 月，在联合国技术标准机构的世界会议上，有效地将对互联网的控制移交各国家政府的议案以微弱劣势没能获得通过。很多人担心，如果通过了，结果就会是互联网被分裂和军事化，造就出本书此前描述的数字反冲场景的极端版本[1]。然而，大多企业领导甚至不知道有这次的投票发生[2]。

政府监管对管理网络安全相关风险的能力有何影响？
%，受访者的百分比

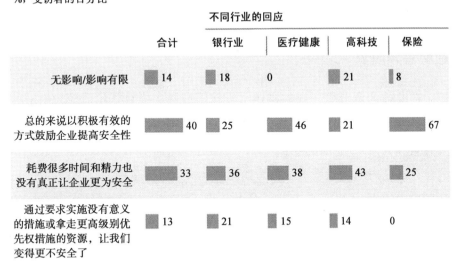

	合计	不同行业的回应			
		银行业	医疗健康	高科技	保险
无影响/影响有限	14	18	0	21	8
总的来说以积极有效的方式鼓励企业提高安全性	40	25	46	21	67
耗费很多时间和精力也没有真正让企业更为安全	33	36	38	43	25
通过要求实施没有意义的措施或拿走更高级别优先权措施的资源，让我们变得更不安全了	13	21	15	14	0

图 9-1　高管对网络安全监管的看法因所处行业不同而相差很大，银行业大多持怀疑态度

为创造有适应力的生态系统而协作

在 2011 年，世界经济论坛制定了一系列网络适应力原则，关注于理解生态系统中各角色的相互依存关系、领导职责、风险管理、促进价值链观念。这些原则是企业保护自己要采取的具体措施发展的关键背景，而贯穿本书的内容即为企业如何更好地保护自己。同样，这些原则也为企业、政府及其他机构之间协作构建更有适应力的生态系统可采取的一系列措施提供了基本出发点。总的来说，这些原则强调了数字化生态系统中不同参与者相互协作的机会。

认识到相互依存关系

数字化生态系统中每个角色都依赖于其他角色。企业依赖于供应商来保护敏感信息资产，依赖于学术机构来培养网络安全人才，依赖于同行来共享信息等。政府依赖于企业保护私有的关键基础设施，政府间也相互依赖，以跟踪跨国网络犯罪。基于这些相互依存的关系，数字化生态系统中的所有参与者必须尝试不同类型的协作，以达成单一个体无法实现的目标。

理解领导职责

在此前的章节里，我们讲述了资深管理层实施数字化适应力所需的改变的重要性。考虑到网络安全的跨职能本质以及所涉及的复杂选择，只有资深管理层可批准决定、引领持续进步所需的组织认同感，甚至在构建有适应力的生态系统中更为如此。涉及角色的多样性、议程的冲突、问题的复杂性，都要求商业、公共、学术及非政府组织最高领导层的参与。

注重风险管理

相比通过政治或技术角度来讨论网络安全，要认识到网络安全更是有关经济学的——涉及优化对于风险与经济收益的选择——会提供根本上不同的语境、表达方式及目标，会迫使人们思考这个问题："我们试图保护的是什么？"毕竟，最安全的数字化环境是断开互联网的，但这代价是什么呢？

英国政府在其 2011 年网络安全策略中声明："我们对英国 2015 年的愿景是，从充满活力、有适应力的安全网络空间获取巨大的经济和社会价值，其中，我们的行动由自由、公正、透明及法治的核心价值观所指引，促进繁荣、国家安全，建立强大的社会。"为了实现这些，英国政府的首要目标是"成为世界上在网络空间经商最为安全的地方"。英国政府明确认识到数字化适应力可以带来的经济效益，推动经济共同繁荣是所有领导人都可团结起来齐心协力去达成的政治目标。

在全球经济中，所有国家之间都存在竞争，同时，它们要就一系列通行规则进行协作，有了这些规则才有竞争。本书此前在几个场景中所概述的对巨大经济收益及机会成本的认可，明确为各国政府提供激励，确保它们不允许不充分、不健全或分散的方法妨碍集体的机会。

促进价值链观念

如本书其他章节所讲述的，网络安全在商业行为中扮演着日益重要的角色。罪犯可从企业的供应商处偷取重要信息，或者罪犯可利用商业伙伴间的网络连接作为实施网络攻击的渠道。数字化生态系统中很多角色越来越开始有价值链观念，他们创建标准及合同条款来促进更为先进精密的网络安全实践。

尽管面临着诸多挑战，我们与很多利益相关者的工作会议证实，网络适应力原则强调了一系列重要、可行的措施，其中很多涉及自愿合作而非国家命令。政府可利用国家安全策略来提升机构间、与私营及非政府利益相关者的协作，可以提升端对端刑事司法系统的技术和能力，利用多边组织来促进跨越国界线的合作。企业可深化和拓展工作力度，促进信息共享、最佳实践及能力，同时，为评估和转移与网络攻击相关的风险构建更为有效的市场。

国内与国际政策

在国内与国际政策方面两种措施开始涌现：利用国家网络策略、提升端对端刑事司法系统的能力。

国家网络安全战略

工作会议强调了每个国家拥有与所有国家国内和国际政策的策略与程序相协调的综合、透明的国家网络安全策略的价值。在撰写本书之时，只有 36 个国家发布或宣布发展这样的策略，而其中一半来自欧盟（见图 9-2）[3]。自 20 世纪 90 年代，美国就注重网络安全，也发布了不少网络安全文件，但是没有总体战略。相比之下，在爱沙尼亚，这里是最为依靠数字化的社会之一，该国拥有与国家防御措施相结合的网络安全战略。在欧洲其他国家，如法国和德国的战略都给各自的政府以相对积极的角色，而荷兰与芬兰的计划注重协作作为战略的基石。如果没有专门的战略，各种措施会变得重叠、分散，最坏的情况下，投资、项目及政策与立法措施会出现冲突，所有这些都会影响经济增长。

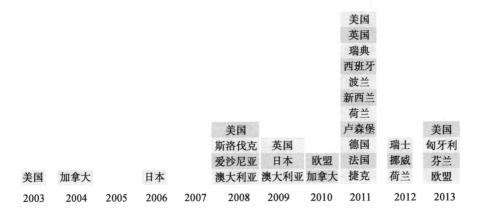

图 9-2　经济合作与发展组织（OECD）国家开始实施网络安全策略

数字化适应力生态系统中支柱的成熟曲线，如图 9-3 所示。

在开发和执行国家战略之时，各国政府应吸收尽可能广泛的公共与私营机构的观点和需求。恰是开发这样的策略的过程，可以作为开启与不同行业机构领导者对话的催化剂。

积极的企业参与将尤为关键。在我们的讨论中，大多国家政府承认，在保护居民与确保在社会层面实现数字化适应力的目标上，企业有着推动作用。它们也承认互联网所带来的经济利益，没有意愿去阻碍通过数字化创造经济价值。正因如此，政府渴望企业的参与、积极去了解私营部门在这一领域的需要。不过，在与决策者的很多谈话中，我们听到一个挑战，即与私营部门的协商结果往往不很清晰，常见的反应就是："如果我们询问 30 家不同的企业特定领域需要什么样的政策，我们会得到30 种不同的回答。"

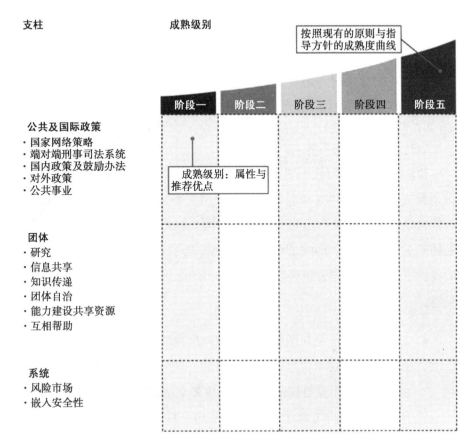

图 9-3 数字化适应力生态系统中支柱的成熟曲线

企业经常谈论政策调整的必要性，但它们也有责任在政策需要上达成清晰的定位。当然，有一些不一致在所难免——很可能确实如此，政府推出的网络安全政策对医疗健康及汽车制造业的作用是不同的，但目前即便这种级别的清晰也是缺乏的。

有越来越多的国家开始积极考虑，应对网络风险该制定什么样的策略及监管措施。很多国家寻求私营部门提供意见，不过，在全球互联的数字化环境中，如果企业团体不能在制定关键政策需要上相互配合，就会提升出现高度分散局面的风险。

最后，鉴于在此过程中涉及的利益相关者非常广泛，主管机构可能需要负责策略的成功实施和推广，以避免在责任和意向上遇到挑战。这也能为利益相关者提供透明的程序以及清晰负责的联系点。就在政府努力应对商业团体不同的观点之时，企业与非政府机构也在努力理解不同政府机构的议程与措施。

端对端刑事司法系统

执法机关需要有能力和资源去调查网络犯罪，要有综合、敏捷的法律条款支持它们的调查和起诉。一家金融服务机构的 CIO 说："各机构可凭自己的力量采取自己想要的所有措施，但是，如果没有执法机制来追捕和起诉犯罪者，那我们的行动就变得毫无意义。"在不侵害隐私权的前提下，要加强执法和对数字领域犯罪的起诉，政府有一系列措施可实施。

- 促进法律现代化和明确性以治理网络犯罪。创新的步伐让法律条款中出现了缺口，这是需要解决的。例如，美国《电子通信隐私法》（ECPA）是管理通信隐私的主要立法，但这个法律是在 1986 年制定的，当时电子邮件还不常用、社交网络甚至尚未孕育而生。或许，在网络犯罪量刑准则上与在"现实世界"与其罪行相当的犯罪量刑上也存在着重要差异。

- 继续投资于专业部门及能力建设。网络犯罪是晦涩难懂的学问，解决起来需要有技术高深的知识和技能。识别违法犯罪者的专业取证能力是尤为重要的。

- 在非专业部门拓展基本的数字化素质。起诉和为嫌犯辩护，要依赖于掌握足够知识、了解审理案件程序的法官和律师。检察官和法官无须是网络安全专家，但是他们需要掌握基本的数字化知识，比如他们要了解互联网如何运作。同样，为选定的执法机构提供基本水平的培训，以便让他们知道如何处理网络犯罪行为的举报、遵循正确的流程来处理。

- 加强与私营部门的协作。遭受网络犯罪的企业与执法机关之间会存在真正的紧张。有时，各方会谴责对方神神秘秘、不合作、只关心自己所在机构的利益。在发生网络攻击后，要让执法机关与企业间有效地合作变得更加容易，这时，建立信任的措施可起到作用，如执法机关提供出现的新威胁简报。

- 投资于数据收集与分析法。报告犯罪能为警方提供模式识别的数据，在资源策划及处理有组织犯罪上，这都是有帮助的——这对所有类型的犯罪是如此，鉴于网络犯罪网络地理上分散的属性以及网络罪犯技术快速发展，这对于网络犯罪也特别有用。因此，针对犯罪个案汇总和分析数据的能力会起到巨大帮助。

- 为跨国执法合作建立机制。考虑到网络犯罪的全球性，对将网络罪犯绳之以法来说，专门机构与其他国家的协作至关重要。当国家间政策有差异时，这些机制显得尤为重要——对网络间谍活动程度持不同意见的国家之间仍会合作打击在线市场的欺诈与破坏行为。

随着潜在网络犯罪扩展范围，在网络领域的有效刑事司法变得更加重要。我们的生活日益与互联网紧密相连，由于产品遭攻击使得个体所面对的风险范围将增加，而且，将不会总有显著的奖励措施让该产品的供应商去承担这种风险。已经有人开始询问有关无人驾驶汽车、网络控制的家用电器等的缺点，这些如果遭受攻击，都是有潜力造成严重损失的。

团体活动

国家团体和企业团体可共同实施一系列措施。共享研究包括集中资源投资于开发新技术与技巧；信息共享包括收集攻击者及其所利用的渠道有关的情报；知识传递包括分享如何经营网络安全组织机构的最佳实践；能力建设共享包括为诸如供应商评估或应急响应等活动创建共享的实用程序；互相帮助包括承诺在团体成员遭受攻击时提供协助；团体自治包括设立论坛以配合优先级事务，例如，在各国政府制定网络安全战略时提供意见。

团体活动可以灵活的方式帮助解决复杂问题，协调所涉及各方的不同利益，国家和私营机构两者都可从团体活动中获益良多。

国家间协助

在创建有适应力的数字化生态系统中，国家有机会去协助他国，有时是通过多边机构。举例来说，美国国家组织（OAS）致力于确保成员国之间的政治凝聚力，促进这一区域内网络安全政策的制定与实施。多年来，随着 OAS 网络安全计划逐步发展，该计划可从多方面、量身定做的方式处理挑战，针对各国家特定需要，建立起可以采取的最适合的行动方针。

为开发网络安全能力，OAS 网络安全计划与成员国一起实施多项举措，例如，其中有个项目发展国家计算机安全应急响应团队（Computer Security Incident Response Teams，CSIRT）。自 2006 年起，美洲的 CSIRT 数量从 5 个增至 18 个。为确保在区域层面 CSIRT 之间更好地合作，OAS 建立起一个网络，这个网络不仅作为沟通平台，也是各团队执行应急响应程序的工具。

OAS 网络安全计划也成功地指导着成员国发展国家网络安全战略。在 2011 年，哥伦比亚与 OAS 广泛深度协作之后，成为这一地区首个正式采用国家战略的国家，继其之后又有巴拿马（2012 年）、特立尼达和多巴哥（2013 年）。OAS 网络安全计划也会实施技术援助任务，旨在解决国家的网络安全需求，包括技术应急响应课程、风险管理训练。最近几年，该计划还与私营部门合作，生成美洲国家网络安全相关的综合性报告。这些报告旨在详述成员国在减缓网络风险中的经历、增加拉丁美洲及加勒比海国家对网络安全事务的了解。

　　这里所讲 OAS 的计划可为其他政府间团体活动提供一种样板，尤其是从发达国家向欠发达国家传递能力。对一些国家来说，他们还必须努力应付健康、教育等基础服务甚至是国家债务问题，让投资于网络安全成为优先事务可能是有困难的。跨国企业及富裕国家可提供帮助，提供能力建设所需资源——这也符合他们自己的利益，可创建更安全、更稳定的数字化经济。

　　学术机构、区域性及国际机构、民间组织可在识别和促进各国参与团体活动机会上起重要角色。他们可成为诚实的掮客，促进研究、信息共享及知识传递上的合作。

企业间团体建设

　　某一特定行业的技术高管一次又一次地说："说到网络安全问题，我们都在同一条船上。"这种观点推动行业里一些企业间积极协作。过去，大型银行的 CISO 会非正式地交换意见、共享情报，但只限于他们本人认识和信任的同行之间。近来，ISAC，尤其是金融服务与国防工业的协会逐渐成为跨行业间协作的有效论坛。举例来说，较小型银行的 CISO 将通过金融服务 ISAC 收到的情报，归功于 2012 年年底到 2013 年年初抵抗严重 DDoS 攻击运动的能力。

　　自 2012 年以来，来自北美洲最重要医疗健康机构中有 40 家的 CISO 及其他资深网络安全高管定期会面，共享情报、交流实际的最佳实践、讨论有公共政策影响的问题、开发促进国家健康 ISAC 的战略，当"心脏出血"及 Bash 漏洞得到曝光之时，其成员间分享了补救策略。近来，该组织还开始计划共享应用及执行常见网络安全活动。所有这些协作都有助于企业更有效地保护自身。

　　在行业内企业间团体建设方面来讲，还有很多事要做。不是每个行业都像金融服务或医疗健康那样有协作模型，因此是有机会扩展和深化团体活动的。除了共享应用之外，企业之间协作为应对网络攻击的风险制定更为标准的行业模型，会非常有力。

如本书前面所述，大多企业缺乏评估网络风险的有效和可复验的机制，一个稳健、标准的风险模型可立即改变讨论的性质。稳健的风险评估方法可让网络安全讨论完全融入商业决策中，而不是泛泛地讲风险，这会让对话变得更商业化。恰如一份新的投资提案要考虑国家风险、货币风险、运营风险及竞争挑战，就会包括对网络安全风险的自信估量，同样，一种新产品或服务提案会包括相关的数字风险。这会使很多网络安全专家努力去实现的事情成为现实：在开发或投资周期伊始便将安全性考虑在内，而非事后才想起。不管是投资、新商机、新产品或服务开发，还是仅改变信息或运营环境，它都可促进达成"安全性设计"，行业组织的支持将大幅提高可信度、促进企业个体中的采用。

系统性活动

达成有适应力的生态系统的一些想法具有根本性和系统性。比如，近些年，有很多不同的提议，为了安全性，重塑互联网固有的开放式架构，但是没有人为此制定一个实际可行的方法——要么是技术模型，保留互联网之所以有价值的灵活性；要么是政治模型，让各方联合以实现[4]。相比之下，利用更好、更标准化的风险评估技术让深度、流动性更强的市场转移网络攻击相关的风险，会大幅促进一个有适应力的生态系统的出现。

当然，企业可买保险来防范网络攻击的风险——保费收入每年增长约13%[5]，但市场是有局限性的。保险业高管承认，他们在网络保险上尚处早期发展阶段，缺乏数据和模型，而承保其他类型的风险，几十年里，保险公司都依赖着数据和模型。鉴于此，保险公司将涵盖通知成本、法律辩护、取证、修复成本，而不会涵盖第三方责任[6]、名誉损失、IP或商业机密丢失等[7]。几乎所有保险公司会限制保险范围最高为2 500万美元。因此，一些公司即便投保了，它们也只能拿回攻击损失的一小部分作为补偿的金额。结果，在全球所有保险产品市场总额的 4.9 万亿美元中 [9]，网络保险总保费只有 20 亿美元 [8]，只有 1/3 的企业认为值得买份网络保险 [10]。

更为成熟的网络风险保险市场，将改变企业与更广泛的社会，保险将为企业提供重要的额外工具，会成为正常化网络风险处理的重要一步。我们从不同类型的利益相关者处听到，通过保险的形式对网络攻击风险定价，有助于高级管理层更有效地参与网络安全问题。即使是有关企业是应购买保额 5 亿美元还是 7 亿美元的争论，都会对风险整体水平的讨论提供有用的框架。更具体地说，CISO 也许可以让花 500 万美元用于差别保护成为值得的，因为这可降低 700 万美元的保险费用，就如同设备经理往往会依据减少的保险费来证明灭火系统的价值。

更完善的保险市场也可减少混乱——网络安全担忧已然在供应链引出的混乱。例如，很多潜在的 IT 外包服务购买者会要求与客户数据丢失相关的无限责任，而这自然是供应商不愿意的事情。一些 IT 外援采购高管告诉我们，如果他们能够询问潜在客户希望供应商承担多少责任，进而购买适当的保险并将价格加入交易中，他们的商业往来能更有效率。明确的责任成本能促进谈判顺利进行。

中小型企业（SME）可成为更大的获益者。大型企业或许能够承担他们的网络安全花费、投大额保险、作为经营业务一部分来管理损失。一般地，SME 无法支撑在专业知识、资源、公共与私营合作关系等的同等水平的投资，虽然，零售银行客户可得到由网络欺诈引起的损失的全部赔偿，但是同等保护没有涉及小型企业，他们必须自己承担损失。Verizon 公司的数据泄露报告发现，71% 的网络攻击瞄准的是员工数在 100 及以下的企业 [11]。

转移风险需要有商定的方法来测量风险及有关攻击及其影响的数据。对于企业个体来说，开发任何测量网络风险的模型都是很有挑战的。很多企业有一些项目可尝试整合安全与风险实践，同时，各种模型正在浮现。自然而然地，就如同其他风险一样，这也会有局限性和注意事项，实践将注重实用及可测量的。例如，对 CEO 令人尴尬的行为的泄露——不管是否通过网络安全攻击——无法事先完全预测。就因为泄露是可能通过网络攻击带来的，并不意味着企业对这件事的处理方式应和客户数据或知识产权被盗的方式一样。

不过，一个关键挑战将是如何开发通用的测量模型——或不那么通用的模型，以在企业机构之间、市场之间共享风险信息。这不仅需要不同企业模型间协调，还将需要整合会计、审计及保险角度，虽然很有挑战性，但并非不可能，一小部分企业已经开始与合作伙伴进行非正式谈话分享模型。另外一项重要挑战就是开发网络攻击相关的细粒度、综合的数据集。

除非必须，企业明显不情愿透露被攻击的情况 [12]，不过，更为开放地共享数据——哪怕是以变相的方式，也将对保险市场的发展有很大帮助。保险公司对历史损失有越多的了解，就会采取更为强有力的承保政策。或许，企业倾向于不公开自己的专属模型，但是，至少共享这些模型的一些组件，也将带来巨大益处，他们可以共同开发最佳组合实践、标准化模型，这两者都能迅速加快稳健的网络风险市场的出现，而这将对大家都有好处。

●●●

企业要尽可能的保护自身，要尽可能地实施旨在数字化适应力的运营模式，而这些企业仍是处在一个更广泛的数字化生态系统中，这个系统中有供应商、客户、各种类型的治理机构、学术机构及非政府组织。这些角色如何相互合作或者竞争，会成为达成数字化适应力与最大化在线经济的潜力的巨大催化剂或障碍。

在单一企业内部实施推动适应力的先进实践是困难的，更为困难的是，构建有适应力的数字化生态系统。系统中有着各式各样的角色，他们有着不同的目标、约束、治理模型，问题是复杂的，有时带有政治性。

即便如此，也有着前进的道路。我们采访的大多数利益相关者强调了协作的重要性：政府与私营部门之间协作开发国家网络安全战略、诸多类型的角色共同协作促进刑事司法系统能力以解决网络犯罪、国家间协作向发展中国家传播网络安全能力、行业之间协作以互相帮助、不同类型企业间协作以创造网络保险业的稳健市场。

就如同高级管理人员要参与进来确保企业在保护自身方面有所进展一样，所有高层领导者都要参与建立以确保在构建有适应力的数字化生态系统上取得进展。例如，部长及机构负责人必须推动国家网络安全战略、资深业务主管必须确保企业提供有效的投入。要构建适当的调查和起诉网络罪犯的能力，将需要来自最高层执法与司法官员的关注。同样，高级业务经理需强调有适应力的数字化生态系统的重要性，帮助企业参与所需的协作。

注释

[1]Arthur, Charles, "Internet Remains Unregulated after UN Treaty Blocked," *The Guardian*, December 14, 2012.
http://www.theguardian.com/technology/2012/dec/14/telecoms-treaty-internet-unregulated.

[2]Jones, Rory, "Nations Meet to Discuss Web Rules," *Wall Street Journal*, December 3, 2012.
http://www.wsj.com/news/articles/SB1000142412788732340190457815759287417653 4.

[3]ENISA (EU Agency for Network and Information Security), "National Cyber Security Strategies in the World."
http://www.enisa.europa.eu/activities/Resilience-and-CIIP/national-cybersecurity-strategies-ncsss/national-cyber-security-strategies-in-the-world.

[4]Whitsitt, Jack, "'Cart before the Horse': Re: Another Set of Suggestions to Re-architect the Whole Internet (or Vast Parts of It) for Better

Security," *Art and Security in Washington, DC*, February 20, 2009.
http://sintixerr.wordpress.com/2009/02/20/cart-before-the-horse-re-
another-set-of-suggestions-to-re-architect-the-whole-internet-or-vast-
parts-of-it-for-better-security.

5IbisWorld, "Cyber Liability Insurance in the US: Market Research
Report," August 2014. www.ibisworld.com/industry/cyber-liability-
insurance.html.

6Matthews, Christopher M., "Cybersecurity Insurance Picks Up Steam,
Study Finds," *Wall Street Journal,* August 7, 2013.
http://blogs.wsj.com/riskandcompliance/2013/08/07/cybersecurity-
insurance-picks-up-steam-study-finds.

7National Protection and Programs Directorate, "Cybersecurity Insurance
Workshop Readout Report," US Department of Homeland Security,
November 2012.
https://www.dhs.gov/sites/default/files/publications/cybersecurity-
insurance-read-out-report.pdf.

8IbisWorld, 2014.

9Aon Benfield, "*Insurance Risk Study: Growth, Profitability, and
Opportunity,*" Ninth edition, 2014.
http://thoughtleadership.aonbenfield.com/Documents/20140912_ab_
analytics_insurance_risk_study.pdf.

10Matthews, 2013.

11Verizon, "2014 Data Breach Investigations Report," 2014.
www.verizonenterprise.com/DBIR/2014/reports/rp_Verizon-DBIR-
2014_en_xg.pdf.

12Yadron, Danny, "Executives Rethink Merits of Going Public with Data
Breaches," *Wall Street Journal*, August 4, 2014.
www.wsj.com/articles/a-contrarian-view-on-data-breaches-
1407194237.

结　　语

在本书编写过程中，我们采访了很多领域的专家，并与一位国家商业出版社的记者交流了有关网络攻击对经济的影响和数字化适应力的话题。

我们都认为，当前全球经济很明显已经面临风险，采取相应行动是非常有必要、非常紧迫的。记者说他理解企业没有有效地保护自己，但他也提出了一个需要进一步讨论的问题：很明显，企业不仅仅应将网络安全视为一种控制功能，而且应保护最重要的资产，得到员工的帮助，将安全与信息技术紧密结合，那么为何企业都没有这么做呢？

史蒂芬·比德尔（Stephen Biddle）在《军事力量：解释现代作战的胜与败》一书中也遇到了这种窘境。他在论证 20 世纪战争胜利的决定因素时，充分证明了军队利用自身力量的方式，比军队规模大小和技术装备的先进性等因素要重要得多。他特别展示了自第一次世界大战以来的军事部署现代化体系，包括掩护、隐蔽、疏散、压制、小分队独立战斗、联合作战、纵深防御、后备队及差别集结（differential concentration）等紧密关联的一套机制[1]，保证军队在每场主要武装战斗中取胜。

然而虽然这套现代化体系取得了巨大的成功，但只有较少的军队采用了该体系。原因何在？比德尔解释道，部署现代化体系的能力建设过程非常困难，对军队中很多人构成了组织上的威胁。举例来说，身为独裁者的将军会对授权士兵做独立决策感到不是滋味。

网络安全中的情况也类似。更多资源投入未必能产生相应的保护能力。没有哪一种技术（不管在广告中吹嘘得多么天花乱坠）能单独提供保护。反而是，本书中描述的一系列紧密相关、相互促进的方法可用于实现数字化适应力。

企业只有了解了业务风险及信息资产，才有能力实施差别化保护。将网络安全融入业务流程、让一线用户广泛参与才能让安全性更稳健，这两者在促进业务模型更有适应力上相得益彰。把网络安全融入应用系统及基础设施环境中，增加了安全透明度，对实施主动防御措施特别关键。通过不断测试来完善所有业务部门的应急响应流程，对其他安全手段也是一种补充。综合来说，这些方法、手段，可以让企业在面临网络攻击时更有适应力。而传统安全手段严格限制技术环境、采用多种控制流程，让企业使用创新性、创造性技术变得更难。

为何企业没有积极地采用这些方法去努力实现数字化适应力呢？如同改变军队文化一样，这么做很困难，存在组织机构方面的挑战。实现数字化适应力有以下三个要求：

（1）网络安全团队与业务伙伴共同参与制定风险优先级、做出妥善的权衡，适当的时候，改变业务流程及业务行为，而不是仅依靠实施技术方案来管理风险。

（2）在IT组织中注重适应力，促进安全、效率、灵活性三者的有机结合，使IT经理们从一开始就把技术平台设计得安全和有适应力。

（3）大幅提升网络安全团队的技术和能力，基层管理者能理解业务风险、与业务伙伴良好合作、引领快速变化的技术环境、改变应用系统与基础设施环境、开展主动防御战术。

遗憾的是，很多企业没有这样的雄心壮志来设计网络安全项目。它们认为可以一步一步地来，先实现基础的网络安全保护能力，同时想着以后再实施更全套的安全行动，然而不幸的是，攻击者没有如此耐心。

很多企业的高层领导没有投入足够的时间和关注度去促成网络安全团队与业务经理们的合作，他们继续使用过时、不透明的应用程序及基础设施环境，而后者可同时存在不灵活、效率低、自身不安全等问题。

数字化经济的前景价值是明显的，能促成高效的业务流程、极为亲密的客户关系、更多基于事实的决策。

高层业务领导及决策者可继续让网络安全成为一种官僚的控制功能，然后在2020年眼睁睁地看着数字化经济固有价值缩水3万亿美元。或者，他们认识到网络安全是21世纪最为关键的一个社会与经济议题，并要求各部门推动向数字化适应力的过渡。特别是，高层业务领导可确保业务部门、IT部门、网络安全部门的经理们相互协作，在各部门都采用数字化适应力方法。技术供应商可以确保构建安全的产品和服务。监管者可设计前瞻性的网络安全战略决策，而非执着于过时的方法。

选择只有一个：超越网络安全，实现数字化适应力。

注释

[1] Biddle, Stephen, *Military Power: Explaining Victory and Defeat in Modern Battle*. Princeton, NJ: Princeton University Press, 2006.

致　　谢

本书在编写过程中得到了很多人的付出与努力，在这里，我们向他们致以诚挚的感谢。

Jonathan Turton 做了很重要的编辑工作，他的专业知识令人钦佩。

麦肯锡公司提供了有益的帮助，让我们了解到很多专家的见解，这些专家包括 Andrea del Miglio、Wolf Richter、Jim Boehm、Andreas Schwarz、Dimitris Economou、Venky Anant、Roshan Vora、Maya Kaczorowski、Jim Miller、Suneet Pahwa、Kacper Rychard、Paul Twomey、Charles Barthold 及 Hil Albuquerque。在繁忙的工作之余，他们为我们付出了宝贵时间。即使在深夜和周末，他们都欣然回复我们的邮件。此外，我们还要感谢 Joseph Hubback、J. R. Maxwell、Paul Yoo、Mike Connolly、Ryan Leirvik、Blair Kessler、Ritesh Argawal、Ryan Van Dyk 以及 Kamayani Sadhwani 所做的贡献。

Steffi Langner 一如既往地富有耐心、坚持不懈，这些对本书都是至关重要的。

我们还要感谢来自麦肯锡公司的 Allen Weinberg、David Chinn、Steve van Kuiken、Michael Bender 及 Michael Bloch，为我们提供了支持与资源。

我们要感谢圣智出版公司的 Bill Falloon 和 Meg Freeborn，他们与我们的合作促成本书顺利发行，并为我们提供了及时、宝贵的建议。

作者简介

詹姆斯 M. 卡普兰（James M.Kaplan）

詹姆斯是麦肯锡咨询公司商务技术与金融服务部门的合伙人，主管麦肯锡全球 IT 基础设施与网络安全事务，为银行、医疗保健公司、技术企业、保险公司及制造商提供服务，帮助它们从商务技术中获得最大的价值。詹姆斯曾为《麦肯锡季刊》《麦肯锡商务技术》《金融时报》《互联业务》《华尔街日报》《哈佛商业评论》博客网络撰稿。他拥有布朗大学历史专业 AB、宾夕法尼亚大学沃顿商学院 MBA 学位。他与妻子埃米及两个儿子亚当、马修居住在纽约。

图克·拜莱（Tucker Bailey）

图克是麦肯锡商务技术办公室的合伙人，他的办公地点位于华盛顿特区，他主要负责国防、安全及 IT 议题。他曾为诸多《财富》500 强公司及公共部门客户提供一系列 IT 服务，负责麦肯锡在北美的网络安全工作。在麦肯锡工作之前，图克在美国海军任信息统领作战官及海军犯罪调查局的特工。他拥有杜克大学土木工程与政治科学专业的 BSE 及哈佛商学院的 MBA 学位。

德里克·奥哈洛伦（Derek O'Halloran）

德里克是世界经济论坛信息技术产业的负责人，负责由企业 CEO 构成的世界领先 IT 企业团体，为很多企业制订技术规划。他负责管理未来软件与社会及未来电子产品全球议程委员会，该委员会召开整个行业生态系统中的领导人及思想领袖的会议。德里克拥有哥伦比亚大学国际和公共事务学院的国际金融与经济政策专业 MPA 及爱丁堡大学的哲学专业荣誉 MA，也是世界经济论坛全球领导人才培训计划的毕业生。

阿兰·马库斯（Alan Marcus）

阿兰是世界经济论坛资讯科技及通信产业的高级主管及负责人，他曾在亚太、北美、欧洲及中东地区担任过工程师、市场营销、市场开发方面的高级管理职位。他拥有新泽西州罗格斯大学的计算机科学与工程专业 BSc 及加州大学伯克利分校的通信工程专业硕士文凭。

克里斯·雷策克（Chris Rezek）

克里斯是波士顿麦肯锡公司的高级专家顾问，是该公司风险管理与商务技术团队一员，是网络安全事务的核心领导者，为银行、制造商等企业管理信息风险，为投资者及技术企业提供网络安全产品市场战略咨询服务。克里斯帮助云安全联盟、国际金融研究所制定了有关云风险管理及风险技术与操作的最佳实践。他拥有麻省理工学院的 BS 及耶鲁大学的 MBA，他与家人一起住在波士顿。

博恩·崔西职业巅峰系列

书名	ISBN	价格
吃掉那只青蛙	978-7-111-暂定	35
高效人生的12个关键点	978-7-111-50313-2	39
高绩效销售	978-7-111-52195-2	35
谈判	978-7-111-47255-1	30
压力是成功的跳板	978-7-111-52195-2	35
激励	978-7-111-47931-4	30
授权	978-7-111-47323-7	30
魅力的力量	978-7-111-47327-5	30
博恩·崔西的时间管理课	978-7-111-52752-7	40
涡轮教练：教练式领导力手册	978-7-111-48368-7	30
涡轮战略：快速引爆利润 成就企业蜕变	978-7-111-47421-0	30

麦肯锡方法

作者：艾森·拉塞尔 ISBN：978-7-111-29271-5 定价：39.00元

经管图书畅销榜上的长青树

麦肯锡并不神秘，方法论铸就神奇
—— 丛书主编 杨斌（清华经管领导力研究中心主任）

外企员工入职培训的常备书

麦肯锡意识

作者：艾森·拉塞尔 ISBN：978-7-111-29272-2 定价：35.00元

麦肯锡传奇（珍藏版）

作者：伊丽莎白·哈斯·埃德莎姆 ISBN：978-7-111-30375-6 定价：39.00元

麦肯锡工具

作者：保罗·弗里嘉 ISBN：978-7-111-28355-3 定价：32.00元

麦肯锡大数据指南

作者：麦肯锡 ISBN：978-7-111-54934-5 定价：45.00元